推薦序

蝌蚪變青蛙，毛毛蟲變蝴蝶，自然界中的變形肯定同時使人類的祖先感到困惑與鼓舞。人類不具備完全變態的能力，對於變形後的蝌蚪能夠上岸生活，毛毛蟲破繭後長出了翅膀，必然期待自己也有機會能突破先天的限制，發展得更為完善。於是我們在傳說故事裡一再看見變形的主題，北歐的惡作劇之神洛基（Loki）、煉金術文獻裡的墨丘利（Mercury）更是其中的佼佼者。

在北歐神話裡，洛基不僅能改變形體，甚至能改變性別。他為了幫助天神贏得與巨人的賭局，變身成母馬誘惑巨人養的公馬，讓他追著自己跑，從而無法在約定的時間前完成城牆的修築。墨丘利便是希臘神話中的赫密斯（Hermes），神話裡的他靈活狡黠，不僅是商業貿易之神，也是旅人的保護神。在煉金術裡，他的名字常被理解成理解為水銀和水，他同時因為不懼火的威脅，被理解為火。這些相異的描述指的是什麼呢？用瑞士心理學家榮格的話來說，指的是煉金術士內在潛意識歷程的投射。墨丘利的變形因此是個體化的歷程記錄，其所涉及的，是煉金術士們在長年的靈性修養過程裡內在人格的轉變。

變形有時也跟支解和復活這兩個概念有關，它牽涉的是人的內在本質如何遭到撕碎破壞，進而得到重生的過程。因此變形不僅是故事裡令人目眩的劇情安排，從深度心理學的角度言，也是舊有人格老化脫落，新人格孕育誕生的象徵。知名的日本童話《開花爺爺》就描述了好爺爺的小狗死去後先後變成木臼、灰燼、以及冬日盛開的櫻花，這就是一個明顯的例子。

但不是每次變形都能帶來這樣的結果。志怪小說《搜神記》就有一篇名為〈馬皮蠶女〉的驚悚故事。由於父親久出未歸，思念的女兒對馬開玩笑說，「如果能把父親接回來，我就嫁給你。」這匹馬就掙脫韁索，跑去找男主人回來，卻被男主人殺害，做成馬皮，最後馬皮飛起將女兒捲走，化作吐絲的蠶。這故事裡的變形顯然就帶著悲劇性的意味，因為言而無信，人墮落為蟲。

因此變形具有方向性，或者進化，或者退化。狼人及各種人化為獸的童話故事指的多是後者，是人性向動物性低頭的證明。顯然人們普遍有這種觀念，將內心騷擾著我們的慾望視為意欲吞噬我我們良知的鬼怪，只有被下蠱或受詛咒的人才會完全屈從那些慾望。因此變形之所以總是跟魔法起聯繫，正是我們內在陰影向外投射的結果。但近代以來，自然界的鬼怪逐漸被除魅，意識之光照進了山谷洞穴，海底河床。我們心中的影子失去了依附的對象，從而向內挖掘出一個更大、更深的黑洞，因此我們迎來了各類的喪屍電影與動漫。

變形之所以能窺見人類的慾望，在於我們可從中看見自己想從這些動物身上獲得哪些特質跟能力。本書的兩位作者是神秘學動物的專家，他們熱切研究神話與傳說裡的各種生物，並用其豐富的生物學知識與絕妙的想像力為其繪製各式的解剖圖。從時間長度來說，作者區分了暫時與永久的變形；從變形幅度來說，則區分簡單與徹底的變形（後者在書裡稱為神奇的變形），最後又加上了墊基於進化論的生物學上的變形，這五個章節構成了洋洋大觀，令人目不暇給。

而這本縱貫古今的奇書一次就滿足了我們。只要稍一不慎，就會把他們認真的玩笑當真。但就是在這虛實真假之間，他們為我們開拓了嶄新的閱讀體驗。更不用說書裡豐富的文獻無疑已把此書推向了古今變形動物的經典。

愛智者

序 | Préambule

路易・阿爾貝・德・布羅伊（Louis Albert de Broglie）
戴羅勒（Deyrolle）商店店長

有關《動物變形學》最早的藝術表現之一，是來自法國肖維岩洞壁畫中的女人——野牛像❶，神奇的壁畫描繪了被追捕的野牛將神力轉移給人類的場面，而野牛是人類崇拜的對象。神話和變形故事早在3萬多年前就出現在人類歷史中了。

變形的過程本身很複雜，自然科學借助變形的力量賦予講故事的人許多靈感，這一力量必然促使人類的思想不斷進步，如此可以去想像各種離奇的故事。就像人們圍坐在火邊，老人給孩子講述故事，這些故事既讓人入迷又讓人害怕。

若要瞭解這些變形——它們不一定可逆——我們必然需要一些闡釋者、一些想像出來的圖像，才可以讓我們深入理解這些變化狀態的超自然原理。

正因為如此，讓-巴普蒂斯特・德・帕納菲厄把我們帶到了奧林帕斯的山腳下，一切也許就是從那裡開始的吧？泰坦神艾比米修斯是阿特拉斯的兄弟，也是動物的創造者，他輕率地把一切良好的品質都賦予了動物，卻沒有給人類留下任何東西❷，而他的兄弟普羅米修斯因此很擔憂，為了彌補艾比米修斯犯下的錯誤，他決定把智慧贈予和諸神鬥爭的人類。這反而使人類變得傲慢無禮，變得更瘋狂地想與神爭鬥，試圖打破已有的身分等級，而不惜觸怒眾神，最終引發了全宇宙的混戰，直到大地之神蓋亞憑藉著自己的力量將一切恢復了秩序。

這些神話，是我們共同文化遺產的一部分，有必要賦予其一種特殊的語言……那就是戴羅勒的插畫。

戴羅勒是一個世界性的機構，在此次閱讀之旅中，它將成為新的奧林帕斯。在這裡，泰坦和諸神都將進入這個「怪味書屋」，呈現演化的過程，幫助我們理解奧維德❸所講故事的緣起，各種或短暫或持續的神奇變形的原因，這些故事來自格林兄弟、卡夫卡、巴勒夫❹以及其他偉大的人物。普通的讀者也能理解這個「怪味書屋」。

卡米耶・讓維薩德的繪畫具有魔力，在他的筆下，達芙妮、蛇女美瑠姬奴、狼人、蜘蛛女、青蛙王子再一次出現在我們現代的世界中。

這些《動物變形學》的內容如此豐富，真讓人震驚，在本書講述的故事中，沒有任何是偶然為之的。例如，我再一次想到了變成狼人的人，許多孩子都希望瞭解這種超自然變化，並解釋給自己的父母聽。嗅覺神經的極大發展、耳朵的充分進化、茸毛的出現、骨骼的變化，這些都是關鍵的變化，就此創造了半人半獸的生命，他們有時完全是人，有時完全是獸。

如果想要瞭解生物樣本內藏的複雜性及其演變過程，從插圖和繪畫著手是最為基本的方式。戴羅勒從《奇幻動物插畫集》中得到靈感，構建了其獨有的、關於生物解剖的百科全書，人們可以借助它瞭解變形的奧義。憑藉這部著作，戴羅勒「科學地」掀起通向超自然世界簾幕的一角，它就像科學讀本那般，向人們展現了變形中身體蛻變的每一個階段。

讓-巴普蒂斯特・德・帕納菲厄和卡米耶・讓維薩德將充滿幽默感的文字和圖畫的力量結合在一起，讓戴羅勒神奇遺產中的這些插圖煥發出新的光彩，這份奇幻的遺產永遠收藏了我們這個星球上生命的鮮活之態。

人與動物總是息息相關，這也提醒著我們基因雜交的危險性以及隨之產生的局限性。對生命

形態的跨越預示著，現在比任何時候都更有必要
保護自然的平衡，人類應當理解處於不斷完善、
不斷進化中的一切物種，包括其自然屬性、形態
學以及生物學屬性。

　　這些戴羅勒出品的超自然版畫是否會就此扮
演起預言家的角色，預示那些「逾越人類規則的
陰謀」的不攻自破？

　　那麼你覺得生命是在變形，還是在進化呢？

DEYROLLE

Depuis 1831

① 肖維岩洞的壁畫中，有一幅繪製了一個女性的下半身及公牛的上半身。或許，在洞穴人的意識裡，人的身體與靈魂界限模糊，而人與
　動物原本就可以相互轉化。（本書注釋均為譯者注）

② 艾比米修斯，泰坦神族。在創造動物和人類的時候，艾比米修斯負責賦予動物生存的本領，他把勇敢賜給獅子，把快速奔跑的能力賜
　給兔子，把敏銳的眼力賜給老鷹，就這樣一個個把所有良好的才能都給了動物，到最後，已經沒有什麼可以留給人類了。所以人類不
　是動物界最勇敢的，不是跑得最快的，也不是最強壯凶猛的；阿特拉斯，同為泰坦神族，希臘神話裡的擎天神。他因與宙斯作對，被
　宙斯懲罰用雙肩支撐蒼天。

③ 奧維德，古羅馬最具影響力的詩人之一，代表作《變形記》，全書共15卷，包括約250個神話故事。每一個故事都始終圍繞著「變形」
　的主題，以闡明「世界一切事物都是在變易中形成」的哲理。

④ Vincent Barleuf（1611-1685），法國作家兼修道院院長，發表過《許久以來野鴨出入布列塔尼省蒙福爾城的真實故事及最新進展》，
　見第26頁。

引言：變形的力量 p.6

IRE

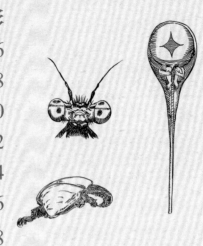

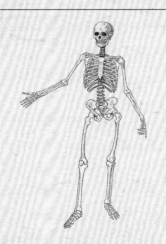

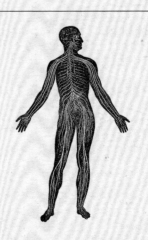

某些偶然的開始最後卻成了注定的結局；
一切黃昏都是雙重的，它是晨曦又是暮色。
被我們稱作宇宙的這個存在彷彿是一隻神奇的蛹，它一直都在顫動，
因為它既感受到毛毛蟲的死去，又感受到蝴蝶的誕生。
沒有任何事物會徹底終結，
一個事物在結束時往往孕育著另一個事物的開始，一切死亡都是新生。

維克多‧雨果，《哲學詞典前言》

引言：變形的力量
La puissance de la métamorphose

我們每一個人都曾經想像自己擁有另一個更加強壯、靈活、美好的身體，或者渴望換一個性別、身分。誰沒有想像過自己變成鳥兒、海豚或者馬呢？文學與電影講述了各種各樣不同的變形故事，這些故事曾讓古希臘、古羅馬人痴迷不已，現在同樣也吸引著21世紀的青少年們。可以說這是一個在全世界都流行的夢想，從亞洲到亞馬遜地區，從格陵蘭島到撒哈拉沙漠，而且大概自古以來都沒有變過。

無論是宗教教化故事，還是充滿象徵意義的寓言，或者是該諧的奇幻故事、自然主義的描寫，抑或童話故事、動物學專著，變形記比比皆是。動物模樣的神靈，變身為天鵝或者母牛的人，破繭成蝶獲得新生的毛毛蟲，這些生命都沿著一條不可逆的軌跡改變了自己的屬性（除了神靈，因為牠們並不嚴格遵循自然法則）。

借助變形我們逃離自己的生命，重新獲得新的生命。某種界限被打破了，從此就可以用另一種方式看世界。翱翔於天際，暢遊於大海，到處遊走卻不被人發現，擁有某種大型貓科動物的能力……這些都只是變形所能帶給我們的諸多能力中的一小部分而已。

改變屬性，這也意味著我們承認人與動物屬於同一個宇宙、同一個生命世界。動物是另一種類屬，但是變成牠的模樣就意味著我們與牠之間存在某種關聯。選擇變成何種動物很重要，因為從中我們可以明白自己想在這種動物身上獲得什麼。某些動物充滿了豐富的象徵意義，並且隨著國家與時代的變化而變化。

變形的過程與變形的結果並無關係，過程本身才蘊含著本質的問題。我們一生都在變化，有時變化得很迅速。每個人都記得自己的青少年時期，那是一段非常緊張的時光，充滿了情感與回憶，之後的幾十年裡，這些痕跡都不會消失。然而，如果我們的變化如同毛毛蟲的變形那般徹底，會怎樣呢？變形是進入另一種生命，以另一種形式生活，這也就是宗教人士提出的對生命的考驗：「改變你的存在，獨自飛翔！」如果毛毛蟲可以變成蝴蝶，那麼人的變形究竟能發展到什麼程度呢？

神話與自然

「哪一個愛在窗邊歎息、愛做夢的女孩會真的願意變成一隻翱翔天宇的鳥兒，如果她必須像鳥兒一樣吃下蠕蟲、蒼蠅、金龜子，喉嚨裡一直塞滿這些東西？奇怪的是，她忘記了平時的憎

惡。揮動的翅膀使女孩擺脫了人類的狹隘。」

亨利·米修，「記而不證」，《過往》

「如今事實比故事更讓我們覺得有趣、神奇。一隻毛茸茸的蟲子變成一隻閃閃發光的蝴蝶，這一變化至少同斐羅米爾❶變成夜鶯這一過程同樣令人吃驚，但是也許更讓人喜歡。」

貝爾納丹·德·聖皮埃爾，《自然之和諧》，1815年

狹義上說，「變形」（métamorphose）與「變化」（transformation）是同義詞（前者來自希臘語，後者來自拉丁語）。日常用語中，「變化」比「改變」（changement）有更多的意味，而「變形」的含義則更加豐富。「變形」意味著轉世重生，呈現出新的外形。所以它包含著一種神奇的意味，或者說魔法色彩。中世紀末，這個詞專指奧維德的《變形記》，這是一首創作於西元1世紀的拉丁語長詩，收錄了源於希臘的神話與傳奇故事。在中世紀時期的敘事中，如果一個人生成動物的樣子，經常會使用muance、mutacion、transmutation、transformation❷這幾個詞來意指。

至於博物學家，他們直到17世紀才廣泛使用這個詞。1590年，英國醫生湯瑪斯·穆非在其著作《昆蟲或者最小動物的故事》中用這個詞（拉丁語）來描寫昆蟲的「蛻變」。1669年，在法國，讓·斯瓦姆默丹❸的作品《昆蟲博物志》被譯成法文，「變形」這個詞具有了相似的意義（雖然作者本人並不接受「變形」這一內涵，在他看來，這不過是一種「所謂的變化」）。

在2000年的漫長歲月中，奧維德的作品滋養了文學、繪畫、音樂、舞蹈等多種藝術創作。我們可以在馬基雅維利、拉封丹、費訥隆、盧利❹、達文西、畢卡索等人的作品中發現各種衍生的形象。藝術家、作家、哲學家都曾討論過被神靈變成動物或者石頭的人，而神靈也會通過變身來引誘人類或是拯救人類，但通常是為了對人類進行

懲罰，因為他們道德淪喪或是狂妄自大。古希臘作家把變形視作魔法，對這一現象本身並不感興趣。但是奧維德和他們不同，他細緻地描寫這些變形，就好像是他目睹了人類器官被動物或者植物的器官所替代，也因此賦予變形一種前所未有的真實感。

其他古代作家也十分迷戀這個主題，比如2世紀時，阿普列尤斯根據一則更加古老的故事創作了《變形記》，又稱《金驢記》。民間故事也從豐富多樣的故事中獲取靈感，如凱爾特、日爾曼或北歐故事，最終，在這些民間故事之外，又衍生出更加具有文學性的作品，比如佩羅、多爾諾瓦夫人、格林兄弟等人的創作。當然也不能忘記歐洲之外其他地方的變形故事，比如《一千零一夜》、印度史詩或者世界各地的神話故事。

19世紀，吸血鬼和狼人這兩個主題得到了長足的發展。吸血鬼源於中歐地區的古老宗教信仰，它慢慢影響了小說創作，之後則是電影銀幕。同樣，狼人也沒有料到自己會出現在一系列電視作品中，成為一種獨立的題材。狼人的出現要追溯到奧維德創作《變形記》的萊卡翁國王統治時期，自16世紀開始，在主張反對巫術的作品中，狼人始終與女巫勢不兩立。因此，歷史學家萊昂·梅納布雷亞❺才會在1846年發出這樣的感慨：「如果把書寫狼人的作品全部收集起來，大概需要十隻駱駝來背負！」如今，變形依舊是一個豐富而有力的主題，卡夫卡的《變形記》、尤涅斯科的《犀牛》以及瑪麗·達里厄斯克的《小姐變成豬》都是相關題材的作品。

在這種變形中，動物有時只不過是一些簡單的幌子，牠們其實象徵了人類的道德品質，儘管人的模樣不復存在。有些作品這樣描述神奇的變形：「……於是，青蛙變成了王子」，或者「朱庇特❻把伊娥❼變成了小母牛」。但是，這些變形完全不符合自然規律，蝌蚪變成青蛙，蛹變成蝴

蝶，這些才符合常理。

　　但是，動物與人類之間又不是毫無關係的。童話故事裡，有時敘述者會對變形後的動物的新特徵或者需要產生興趣：母鹿喜歡吃草，很難想像其原身公主會喜歡吃草。相反，真正的、可見的變形有時專指生命過程中身體的變化或者死而復生。就像博物學中其他種種現象，變形的前提是「相似性」，從而有可能構建一種不容置疑、自然而然的寓意。蛹變成蝴蝶成了形容人蛻變的一個平淡無奇的隱喻，就如同發芽的橡果最終長成了一棵橡樹。

　　一直以來，博物學都很關注變形的種種問題，其定義遠不是看起來那麼簡單。所以，要是用這個詞來描述昆蟲，意義就很清晰，昆蟲會經歷幼蟲期、生長緩慢期，比如蝴蝶、蜜蜂或者金龜子。蛹這一過渡形式最終實現了從幼蟲到成蟲這一深刻的變化，很容易將其看作一種變形。動物學家也用這個詞來形容蝌蚪變青蛙的這一過程，雖然這時的變化是持續不間斷的，但是，從水域到陸地的改變與「徹底」變形的昆蟲十分相似。

　　事實上，任何動物或者植物的生長都意味著一種變化，因為成長的生物自然會改變自己的外貌。如果從本源說起，也就是說從卵開始，變形必然會發生，因為沒有任何動物會保持最初的樣子（某些單細胞動物可能除外）。而且，我們經常能看到許多明顯的變化，無論是在卵內還是卵外。因此，無數甲殼類動物在出生後會經歷許多變形，這些變形在很長時間內不為人所知，因為它們都發生在海洋深處，在微型動物中間。人類的胎兒與嬰兒差別也很大，所以我們也可以把胎兒的成長看作變形。

　　但是，我們一般都用這個詞來專指在自由狀態下而不是在卵內或者在母體內實現的深刻變化。動物的結構必然會發生改變，比如牠們長出了腳或翅膀，或失去了某些組織器官。這種變化

經常伴隨著某種生命形態以及行為狀態的改變。大部分動物都可歸入其中，但是各自的變化過程又都迥然不同。以前，我們以為經歷過變形的動物是「完美」的，比如，蝴蝶與毛毛蟲相比，幼蟲的狀態一般被看作一種低級的生命狀態。其實，幼蟲有時比成蟲擁有更加複雜的組織器官，比如某些寄生蟲，它們變形之後就像裝滿卵子或者精子的袋子。

　　變形可以在某個階段完成，比如破繭成蝶的蛹，或者以更加緩慢的過程實現，比如甲殼動物脫殼。脫殼與變形很相似：螃蟹從牠以前的殼裡脫離出來，就像蝴蝶破繭而出。以前我們通常把「變形」與「脫殼」這兩個詞對立起來，但是如果考察螃蟹的一生，脫殼顯然也屬於一種變形，只不過分成好幾個週期。

　　但是，我們不會用「變形」這個詞來描述動物季節性的變化，有時這種變化非常神奇，通常與牠們的交配繁殖有關，比如鹿角的脫落與再生長或者雄刺魚變紅。不過，有些生物學家也會用這個詞來形容鰻魚的變化，牠在某個階段會變色，即游入大海繁殖前的一段時間。這一微小的變化是因為甲狀腺激素的影響，就像蝌蚪的變形一樣，它會促使鰻魚離開池塘，穿過堅硬的泥土，最後到達河流。與鹿角的脫落不同，鰻魚的這一變化是不可逆的，但是，並不是那麼令人驚奇。

　　我們並不關注動物季節性的換皮、換毛、脫殼或者從幼年到成年的變化。這些外貌的變化並不觸及牠們身體結構的改變，所以與朱庇特的變形相似。朱庇特為了引誘勒達變成了天鵝，也可能是白熊，一旦他回到家就會脫去自己的皮毛再次變成人形，就像北極神話中那樣❽。講故事的人有時會把「喬裝打扮」視作一種暫時的變形。

　　同樣，動物學家通常不會把性別的變化看作「變形」，這在魚類中很常見，而且這種變化有時也伴隨著外貌形體的改變。 是一種生活在歐洲

海濱的小魚，當牠變成雄性時，會呈現出火紅的顏色，我們把它叫做皇家，而淺顏色的雌性則被稱作普通。但是在奧維德的作品中，從男人變成女人顯然屬於一種變形。儘管有許多的共同點，但這個詞在大自然與文學作品中的意思並不完全一樣。

其他形式的變形

　　當然存在著其他形式的變形。在奧維德的作品中，卡麗斯托變成了大熊星座（在此之前先變成了動物）。《聖經》中，上帝使摩西的木杖變成了蛇，使羅得的妻子變成了鹽像。布列塔尼的民間故事充滿了人、精靈或者魔鬼變成石頭的情節。此外，還有南瓜變成馬車的故事（最後馬車又變成南瓜）。煉金術最基本的一項任務就是轉化各種金屬物質，煉金師認為這也是一種變形，就像毛毛蟲變成蝴蝶一樣。我們也可以在聖餐變體這一過程中看到一種變形。在天主教中，祭祀的聖餐「真真切切地」變成了耶穌的血肉之軀，並且與原來的模樣分毫不差。在這本書裡，我們只研究人類本身以及真實的活生生的世界。事實上，如果人類不介入其中，變形就是一種神祕的現象或者奇蹟，只是表現了精靈或者神靈的力量。相反，人變成動物或者動物變成人，則揭示了其一種自然本性。

變形的類型

　　「你認為上帝是一個魔術家？祂狡猾多端，能夠以各種不同的形式出現。有時，祂以真身出現，只是把自己的臉變成各種不同的樣子，有時祂會欺騙我們，只以不真實的影子示人。」

　　　　　　　　　　柏拉圖，西元前4世紀

　　「人類的變化，通常是指在其外形上增加什麼東西；對於自然界的生物而言，則是減少；人類喜歡隱藏自己，而動物則喜歡暴露自己。因此，我們可以認為，社會教會了我們惡習與狡詐，而自然呈現的則是純粹而誠摯的真實。自我偽裝後，人類越來越低級，越來越墮落；但是相反地，動物通過不斷地變形，最終抵達的是一種完善。」

　　　　　　　　　　《博物詞典》，1817年

　　如果我們採納博物學家看待變形的觀點，必然要提出許多問題：誰引起了這樣的變化？誰在變化？這一變化是如何進行的？最終的結局是什麼？換言之，變形總有原因、開始與結束，而且總是遵循某一規律慢慢發展。

　　變形的原因有時是內在的，就好像是一種我們無法抗拒的力量，或它只是屬於生物正常發展的某個階段。但是，它通常是因為神奇、神聖或可怕的外部意志而真正開始。奧維德描寫奧林帕斯的神經常濫用變形，以實現他們的目的：艱難的復仇或簡單的淫慾。他們強加給人類的變形一般都是懲罰，但也可能是為了彌補他們自己犯下的過錯或讓人遭受另一個神的戲弄。

　　很難弄清楚人們究竟在何種程度上，相信這些變形的真實性。也許他們傾向於認為這些變形都只是發生在古代，在他們生活的時代則不是那麼常見，就好像西伯利亞的通靈者令人想起他們先人的神奇力量，但人們又認定這些奇怪的變形在如今肯定不可能存在。某些變形在大部分人看來一直都是

真實存在的，尤其是那些由巫師施展的變形。教廷的教士強烈反對這些觀點，反對他們褻瀆神靈的目光，但是所有人都在其中看到了藏在人類侍從背後的魔鬼之手。巫師施展變形的方法多種多樣，一般是塗上香料或喝下植物的汁液。

狼人的傳說非常普遍，甚至教廷的人員也相信。在他們看來，這肯定是因為魔鬼在作怪。但是，人變成狼有時只是因為某種不幸：七個孩子，如果沒有女孩，全部是男孩，那麼第七個孩子必然會是狼人——除非父母實施補救的方法。而時代不同，方法也各不相同。中世紀時期，有關狼人的傳說中很少提及滿月，但是到了19世紀，滿月這一現象變得非常重要。文學作品中描寫變形的原因則更加豐富，最常見的就是精靈的詛咒。例如，《林中鹿》中德熙蕾公主在16歲之前絕對不能見到陽光。但是由於身不由己，未能嚴格遵守這一要求，她變成了鹿。格林兄弟的作品中，公主必須把青蛙扔到牆上才能使牠恢復人形。尤涅斯科的戲劇中，人們因為傳染病都變成了犀牛，而卡夫卡筆下的格里高爾則毫無理由地變成了甲蟲。

在博物學家看來，變形的過程向來都很值得觀察，就好像蜻蜓慢慢地從若蟲的殼中飛出來一樣（幼蟲之前一直都在殼裡變化），或是蝌蚪身上新器官逐漸出現，舊器官逐漸消失。神話故事中，換皮膚就像換外套一樣，簡單又迅速。青蛙、天鵝、熊和狼等，通常會在這些描述外形變化的故事中出現。

17世紀初，法官皮埃爾·德·朗克預審了一起狼人案件。由人到狼這一變化被認為是可怕的變形。人之所以變成狼，是由於某些象徵性的原因，同時也是因為身體的大小——要是換成貓就太小了。如果變形前的身體與變形後的身體大小、形態相似，那麼變形就更加容易想像：人與狼、熊非常相似，無論是樣貌還是體形，因此變形也就顯得非常自然。

童話故事則很少關注這一點，經常可以讀到人變成青蛙、鳥兒，甚至蒼蠅的故事。

至於上述這種情況，又會引申出其他問題，例如從人類內骨骼到昆蟲甲殼類外骨骼的變化。無論是從結構上看，還是從化學上看，這種變形都太複雜了。我們也可以思考一下，蜘蛛人是從哪裡獲取了蛋白質，從而生出蜘蛛絲使自己能沿著牆壁攀爬。大自然中有一種熱帶多足蟲，叫做櫛蠶，牠會使用同樣的方法捕殺獵物，即吐出黏黏的絲（大約幾十釐米長，視獵物的大小決定）。成功後，牠開始享用獵物，連同絲一起吃下去，這樣就能保證以後可以繼續吐絲。

變形有時可能是短暫的，甚至可以說是帶有魔法性的，例如青蛙變成王子，或卡夫卡筆下的主人公清早醒來後變成了一隻可怕的大甲蟲。而在大自然中，這些現象對應的是一些偽裝行為，例如孔雀開屏，改變自己的模樣和顏色；或極樂鳥為了吸引雌性，露出烏黑的臉、兩隻小小的白眼，以及下面一張螢光藍的大嘴巴，這些變化當然是可逆的。

變形也可能是緩慢的，有可能被人細緻地描寫下來，例如可憐的伊娥被宙斯變成了小母牛，或是在滿月的晚上出現的狼人。有時還有更緩慢的變形，例如蝌蚪變成青蛙，或電影《變蠅人》中的男主角慢慢地顯現出自己的動物特性。如果變形是發生在繭中，就會被遮掩，保護殼中最終會出現怎樣的東西總是留有疑問。

變形有時會揭示出當事人的性格，例如萊卡翁國王，他的殘酷與最後變成狼的個性相似。天主教就是遵循這一方法賦予奧維德的《變形記》以「道德的意義」。奧德修斯的水手們因為貪吃變成了豬。中世紀時期的象徵意義，對於變形的方向發揮重要的作用：梅林變成鹿是大家都接受的，因為這種動物被看作是一種重生的象徵（因為牠每年春天都會長出新的角）。而變成蛇這一現象則

相反，牠象徵著被魔鬼控制，從蛇女美瑠姬奴到《哈利波特》無不如此。

通常，變形者原先的性格和能力都會保存下來，至少部分會保存下來。奧維德認為，即使變成了牛的樣子，伊娥的美貌依舊；阿拉克妮變成了蜘蛛，她的編織技術卻更加精湛了；變成鹿的公主雖然吃草，但是依然按照人類的邏輯行事。再說，如果意識消失了，那麼變形的意義又何在呢？人，不過成了眾多不起眼的動物中的一個，更談不上還會有什麼故事了！我們可能會根據選擇的動物衡量變形這一行為的好處與壞處，但是過去，淪落為動物從來就不是什麼好事⋯⋯

變形者可能會遺忘最初的狀態，這就會使靈魂轉世的設想化為泡影，有時人們也會把靈魂轉世看作是一種特殊形式的變形。一代代，靈魂從一個身體到另一個身體，從一種生物到另一種生物，必須保留前世的回憶才有可能不斷改善自己，因為這也正是漫長的輪迴的目的。

另一種失去記憶的變形是殭屍，並不是指現代意義上會食人的活死人，而是指傳統意義上巫毒教的巫師讓病人昏厥過去，然後把他變成一個沒有記憶、沒有意志的傀儡。

青蛙是否會記得自己曾經是蝌蚪呢？在動物世界中，也有相同的問題，但是動物生態學家目前還沒有找到答案。的確，這些動物中的大部分都是昆蟲或甲蟲，牠們的行為舉止本質上都是基因決定的。

變形的意義

「人類認為，借助某些女性的魔法以及魔鬼的力量，人可以變成狼或馬，但是保留著一切必要的東西，之後他們可以再次恢復原形，他們的思想從來不會變得愚鈍，而是始終保持著人類的思想與理智。」

約翰・維耶爾[9]，1569年

「歐洲是不是有很多王子都更希望大家相信他們其實是熊或狼的後代，而不是某個裁縫或麵包師傅的後代？但是，在我看來，裁縫、麵包師傅遠勝於熊與狼。」

德・聖富瓦[10]，1757年

如果說變形的原因對於變形者本身而言通常沒有什麼疑問，那麼對於讀者而言，它的意義有時則非常晦澀。奧維德的作品中，某些變形有助於用來解釋我們生活於其中的世界或諸神所干涉的世界。達芙妮的故事告訴我們月桂樹的起源，以及這種植物為什麼是阿波羅的象徵。密耳拉[11]因為自己犯下亂倫罪，被罰無休無止地落下芬芳的淚，這就是沒藥。但是這件事也與人類的（神的）狂熱的情感不無關係，對於權力的執迷、榮譽、愛，或許還有性。朱庇特的大部分變形都是為了更容易地去引誘別人，雖然無論怎樣的方式都是有些暴力的。

童話故事裡也是如此，心理分析式的闡釋會強調它們的象徵功能。童話故事經常被認為描述了從童年到成年的過渡，重點凸顯其間受啟悟的儀式以及危險或禁忌。從這一觀點看，許多變形總是與婚禮或性聯繫在一起，也就不讓人覺得吃驚了。為了找到公主的金球，格林兄弟描寫的青蛙要求與她一起睡，並且睡在她的床上。在多爾諾瓦伯爵夫人所寫的童話中，只有等王子砍了小白貓的腦袋和尾巴，使其鮮血直流時，牠才變成了一個女人。

有些人甚至能在每種變形中都看出對亂倫的警惕。通常出於父親的壓迫，少女必須嫁給某種動物，當她通過一系列考驗後，這隻動物就會變身。伴侶的動物屬性意味著，他們屬於不同形式的生命，他不屬於她的家族，而她必須接受這種差異性的結合來避免亂倫。這種解釋一般都站不住腳，尤其有人已經提出了截然相反的觀點：動

物模樣的丈夫，事實上可能意味著男性內在的獸性，社會習俗則會使其遠離這種獸性。變形也就意味著馴服了我們人類自身的動物性。

中世紀基督教認為，變形是一種異教徒的迷信行為。相信它的存在意味著對神的褻瀆，因為只有上帝才能夠改變其創造的生命的外形。這種觀點一直都是之後其他宗教信徒的觀點。因此1545年，皮埃爾·魏雷牧師創作了《基督教的變形》一書來反駁「巧言令色的詩人」的「錯誤與謊言」，甚至可以說是「誹謗」。例如奧維德或阿普列尤斯，在他們所寫的《變形記》中看來，「與任何理智以及上帝所設立的自然法則都是相違背的」。他給我們提供的答案是：「要麼是意志薄弱，要麼是可怕的幻象！」

在他那個時代，巫師可能變成貓或公山羊，這一現象尤其吸引了神學家的注意。荷蘭醫生約翰·維耶爾認為，女巫其實自己無法變身，她們只是受到魔鬼的蠱惑編造了這些故事。他甚至是最早從這一現象中發現「體液失調」、「想像失控」等症狀的人之一。魔鬼唯一的權力就是讓他們相信這些幻象。他奮起反抗對女巫的殘酷迫害，認為應當把她們看作「受魔鬼蠱惑而發瘋的可憐人」。

相反地，魔鬼學家兼法學家讓·布丹同樣是在16世紀明確指出，人們認為女巫身上發生的變形──她們在酷刑之下也承認了這些變形──是真實存在的。他認為，鑑於許多人都曾親睹變形的發生，這種現象就不可能只是一種單純的編造：「如果人類的確能夠把玫瑰嫁接到櫻桃樹上，把蘋果嫁接到白菜上，把鐵煉成鋼……那麼我們會對撒旦把人變成某種動物這種現象感到奇怪嗎？」布丹嘲笑了維耶爾的邏輯，控告他是魔鬼的司法主管，並把他喊作「異端分子維耶爾」，這可不是一種普通的控訴，那時候整個歐洲有好幾萬巫師、巫婆被活活燒死。

如果教廷大部分神職人員都拒絕相信一個巫婆能夠變成動物，或以同樣的方式把她的鄰居變成動物，那麼，童話故事則跨越了宗教的條條框框，再次呈現前基督教時期的古老傳奇故事，裡面充滿了天鵝女、狼人等形象，同時不拘一格地把引誘者的魔鬼形象以及保護者的聖人形象加入其中，賦予這些故事以現實意義。

2450年前，希羅多德如此描述希臘人的鄰族：「每個內利族人❷每年都會有幾天的時間變成狼，之後又會恢復原形。」地理學家自己講述了這個故事，卻嘲笑希臘人和斯基泰人到處傳播「相同的故事」。有些作家認為，這個「故事」可能只是對變形儀式的一種不實描述。在這些儀式中，年輕人會披上狼皮，以期獲得捕食者的能力，這些能力對於獵人來說非常重要。

這種現象可能也會讓人想到17世紀之後，歐洲旅行者描述的西伯利亞的薩滿教儀式。薩滿認為，頭戴動物面具或身披動物皮毛是獲得另一種身分的方法，這種身分與他自己的身分是一體的，而不是取代。在某些時候，他會像動物般行事。與其他變形不同，他並不會改變體貌，而是改變自己的靈魂。如果一個因紐特獵人贈予被他殺死的一頭白熊一件禮物，是因為他承認自己與白熊是友人，甚至是親人：熊和人都以同樣的方式狩獵、吃東西、行事。他們如此相似，所以從一方到另一方的變形就顯得很自然。

阿爾芒·德·卡特勒法熱❸於1862年時創作了《人與動物的變形》。在書中他區分了動物世界中不同的變化形式：他把在胚胎中或出世之前的整個過程叫做「變化」，而用「變形」這個詞專門指「出生後發生的變化，這些變化會深刻改變人的一般體貌以及生命的類屬」。而且他提出一個新的名詞──「世代變化」，特指「世代交替過程中的變化」。這個詞與拉馬克❹所提出的「種變說」或博物學家吸取達爾文的理論開始使用的

「進化論」是同義詞。

變形與進化之間的關聯並非新鮮事物，有時它出現在最令人意想不到的地方，例如1996年以來進入遊戲領域的《精靈寶可夢》。因為反對傳播進化論，沙烏地阿拉伯以及美國堪薩斯州禁止了這款遊戲。雖然這些可愛的小怪獸在遊戲中以「進化」著稱，但牠們其實不過是變身而已！

「真正的」事實是，兩棲動物的變形通常被描述為魚類（例如腔棘魚）在其進化過程中，從水生向陸生轉變的一種個體蛻變。牠們的進化持續了數百萬年，就發生在泥盆紀時期（距今4.19-3.59億年）。這一觀點由海克爾提出：「個體的變化最終導致種系的變化。」但是這一觀點只是對真實的一種粗糙概述，要是針對青蛙這樣的動物就不太準確了。事實上，前面所說的魚類與蝌蚪完全不同，早期的兩棲動物根本就不是指青蛙。然而，其他動物卻更加準確地證明了這一觀點。

扁平的魚，例如舌鰨魚和大菱鮃❶，身體是不對稱的，兩隻眼睛長在同一側，這與牠們的生活習慣相符合，因為大部分時候牠們都側躺在海底深處。但是牠們的幼體與其他動物一樣，身體都是對稱的，兩隻眼睛分布在腦袋兩側。當這些小魚生活在水中時，因為甲狀腺激素的影響，會慢慢發生變形（就像兩棲動物一樣），其中的一隻眼睛好像慢慢移動到了身體的另一邊。這種表面的移動其實是因為腦袋與身體不同程度的發育。因為大腦總是與眼睛相連，所以大腦、頭骨以及肌肉組織都發生了變化。古生物學家找到了所有過渡階段的魚化石，這可以解釋變形中每一個體的變化。

有時我們會認為，變形在進化中具有更加重要的作用。例如，我們想像一下，某些重要的變化可能會產生與父母完全不同的生命體，就像一代人與一代人之間的變化。所以，亨利·樂維圖在1871年如此說：「尼安德塔人的化石也許只是現代人的一個雛形。」現在我們已經清楚尼安德塔人並不是人類的祖先，雖然我們身上可能具有尼安德塔人的某些基因。同樣，生物學家理查德·戈爾德施密特在1940年提出「有希望的怪物」可能意味著新物種的誕生。

1790年德國詩人歌德出版了《植物變形記》一書，在這部科學著作中，詩人提出「重新認識最基本的力量，大自然使用這力量讓某個身體組織慢慢發生了變形」。在他看來，樹葉的變化會導致花瓣的變化以及花朵繁殖組織的變化。歌德認為，變形可以使得我們理解物種之間如何既彼此相似又彼此區分。

「牠們的樣子彼此相似，但是沒有任何兩個完全相同。這就是為何牠們之間的和諧讓我們想到一種祕密的法則。」

未來的變形

「我的皮膚鬆弛。啊,這具慘白的身體長滿了毛!我真希望我的皮膚能更加堅硬一點,顏色是那種美麗的深綠色,端莊的裸體,沒有毛,就像他們那樣!……唉,我是怪物,我是怪物。唉,我永遠都沒法成為一頭犀牛了,永遠,永遠!我再也不能變形了。我真想變,我好想變成那樣,但是我變不了。我再也不想看見自己了。太可恥。我可真醜啊!」

尤涅斯科,《犀牛》,加利瑪出版社,1959年

雖然變形似乎是一種幻象,但是它一直是生物學家重要的研究物件,外形的變化是多麼令人吃驚的現象,不管我們參照多長的時間段:個體在幾天內或幾年內的發育、變化,人類、動物在幾千年裡或幾百萬年裡的變化。

沒有變化就沒有生命。童話故事、神話故事中的變形向我們揭示了我們自己的變化,或讓我們相信這些變化是可能發生的。對於講故事的人而言,一切都是有可能的,但是他所提出的想像的變形也向我們展示了我們的動物本性,這是我們身分的一部分。

如果變形不是偶然發生的,那麼它可能就屬於生命發展的某個必經階段,例如毛毛蟲變蝴蝶。哪怕蝴蝶不如毛毛蟲那麼「完美」,但是牠賦予了下一代的生命。從這一角度來看,變形通常並不是生命發展的斷裂,而是一種完善,一種向著高級階段發展的過渡。正是在這一動物原形的基礎上,博物學家路易・費吉爾[16]在19世紀提出了人類死後會化身為天使的這一觀點!

如今,生物技術、資訊技術、神經科學的發展使我們渴望一種新的變形。借助於醫學與技術的合作,超人類主義讓我們相信,人類即將進入進化的新時代,即出現一種「強化人」,他擁有超能力,並且完全可以借助幹細胞進行自我修復。這觀點一經宣揚就引起了眾多哲學家以及生物學家的關注,有些人更加深入地探究其可能性,有些人強調其風險以及潛在的嬗變。超人類主義從奧維德那裡繼承了一種願望,即獲得本來只屬於動物的新能力,從費吉爾那裡繼承了對於永生的期待。就像曾經一樣,變形告訴我們自己可能變成什麼樣——超人類或天使!

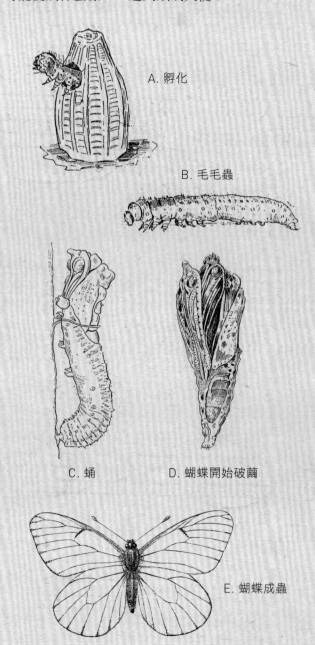

A. 孵化

B. 毛毛蟲

C. 蛹　　　D. 蝴蝶開始破繭

E. 蝴蝶成蟲

蝴蝶的變形。從毛毛蟲變成蝴蝶是所有變形的原形,無論是真實的還是想像的。

❶ 斐羅米爾菲洛墨拉（Philomèle），希臘傳說中雅典國王的公主，被姐夫特魯斯（Térée）強姦，並割去舌頭，以免洩露祕密。斐羅米爾菲洛墨拉把這件事繡在一幅帷幕上，讓姐姐普羅克涅（Procné）知道了，憤恨之下她把兒子殺死做菜給丈夫吃，丈夫發現後，拔刀要殺這姐妹兩人。在這緊要關頭，天神把特魯斯變成一隻戴勝鳥，把姐姐變成一隻燕子，把斐羅米爾菲洛墨拉變成一隻夜鶯。

❷ 這幾個詞都有「變化」、「變形」、「變態」的意思。

❸ Jan Swammerdam（1637-1680），尼德蘭博物學家，最早在生物學中使用顯微鏡。

❹ Jean-Baptiste Lully（1632-1687），法國巴洛克時期的作曲家、小提琴家。

❺ Léon-Camille Ménabréa（1804-1857），法國歷史學家。

❻ 朱庇特（Jupiter），羅馬神話中的眾神之王，與希臘神話中的宙斯（Zeus）對應。羅馬神話是在自己原有的古神話基礎上，吸收了希臘神話中的許多內容發展而來的，羅馬人通過改換希臘神話中一些神的名稱（如把宙斯改名為朱庇特）塑造了自己心目中的神，故本書作者引用不同典故時會出現「朱庇特」或「宙斯」兩種名字。

❼ 伊娥（Io），羅馬神話中國王伊那科斯的女兒，因美貌被朱庇特看中，朱庇特為瞞過妻子，把伊娥變為一頭白色的小母牛。希臘神話中也有此人物。

❽ 在北極地區因紐特人的傳說中，白熊回到家後脫下自己的皮毛，就可以變成人。本書第3章〈白熊的皮〉一節中有相關介紹。

❾ Johann Wier（1515-1588），荷蘭醫生，反對迫害巫師。

❿ M. de Saint-Foix，即Germain-François Poullain de Saint-Foix（1698-1776），法國作家、戲劇家。

⓫ Myrrha，字面意思為「沒藥」，希臘神話中的賽普勒斯公主，美少年阿多尼斯的母親。

⓬ Neure，內利族是希臘神話中住在黑海邊斯基提亞北部的狼人族。

⓭ Armand de Quatrefages（1810-1892），法國生物學家、動物學家、人類學家。

⓮ Jean-Baptiste de Lamarck（1744-1829），法國博物學家，19世紀初，他對無脊椎動物進行了歸類。他是最早使用「生物學」這個詞來指稱研究生物體的科學的理論家之一。他也是提出生物體的物質主義與機械主義的第一人，並在此基礎上構建了進化理論。

⓯ 大菱鮃，硬骨魚綱，鰈形目鮃科，俗稱歐洲比目魚，在中國被稱為「多寶魚」、「瘤棘鮃」。

⓰ Guillaume Louis Figuier（1819-1894），法國作家、科普學家。

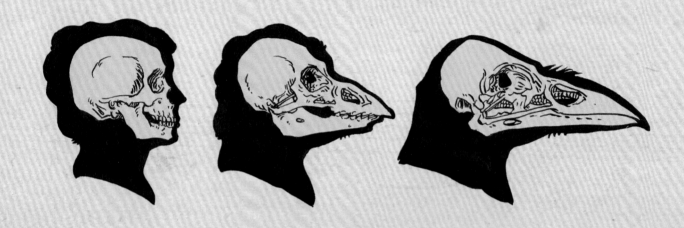

CHAPITRE I

神奇的變形
MÉTAMORPHOSES MAGIQUES

懲罰或詛咒、魔法或神的干涉，這些變形都是在瞬間完成的，就像是施了法術。

變形的過程卻無法觀察清楚，變形的結果也往往不可預測。

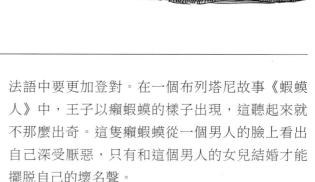

變身成青蛙！
這是說給孩子們聽的一個經典童話故事。
但這也是一件尋常事，
因為全世界的蝌蚪都會經歷這一變化！

青蛙王子
Le Prince-Grenouille

兩棲動物王子

蛙變成王子，故事很普通，至少在童話裡如此。但是因為這涉及動物的變形，就它的性質來進行追問倒也合情合理。

首先，王子真的是青蛙嗎？法語中，陰性名詞很少會變成陽性名詞[1]。當然，青蛙也是有公的（在這一故事中，肯定是一隻公青蛙），但是詞性自然讓人想起陰性。如果是癩蝦蟆，這一疑問就不存在了，但是這兩種動物並不相同。青蛙活潑，甚至可說親切，並不是一種讓人討厭的動物。我們描述牠時，通常說牠有著碧綠（可能是和一種與牠相近的動物，即雨蛙，搞混了，但是這並不涉及類屬的變化）而光滑的皮膚。相反地，對於大部分讀者而言，皮膚粗糙、體形肥胖的癩蝦蟆真的讓人生厭。

關於這一變形最有名的童話故事，是格林兄弟所創作的《青蛙王子與鐵胸亨利》。在原來的版本中，主人公是一隻青蛙，即Frosch，德語中，這個詞是陽性，而德語中的癩蝦蟆一詞Kröte則是陰性。在格林兄弟所寫的另一個童話故事《女水妖》中，我們看到一個男人變成了一隻青蛙，而他的妻子則變成了癩蝦蟆，在德語語境中，這對混配的夫婦相比在法語中要更加登對。在一個布列塔尼故事《蝦蟆人》中，王子以癩蝦蟆的樣子出現，這聽起來就不那麼出奇。這隻癩蝦蟆從一個男人的臉上看出自己深受厭惡，只有和這個男人的女兒結婚才能擺脫自己的壞名聲。

《青蛙王子》這個故事另一個有趣的地方在於發生變形的原因。提及此，我們馬上就會想到公主獻給青蛙的吻，並且很容易從這一情節中發現某種寓意。就像《美女與野獸》的故事一樣，勸誡人們要寬容、忍耐，不要因為外表而沾沾自喜。有些人甚至從中讀出了某種對亂倫的抵觸，故事鼓勵年輕的女讀者在自己的家族之外尋找伴侶，但是故事最初的版本並不是這樣的。青蛙在公主同意躺在床上、睡在牠身邊後，要求她遵守諾言。發怒的年輕女子則把牠摔到了牆上，並且大喊：「現在，你可以好好休息了，醜八怪！」

奇特的蛙臉孩童像（法國病理學家安布魯瓦茲·帕雷，《怪物與奇物》，1573 年）。

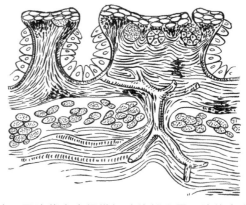

青蛙王子腺狀表皮組織切片的部分圖。腺的大小，決定了被親吻後瞬間的變形。

---

[1] 法語中，「青蛙」（la grenouille）是陰性名詞，「王子」（le prince）是陽性名詞，「癩蝦蟆」（le crapaud）是陽性名詞。

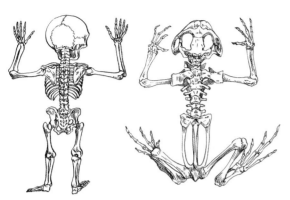

變形過程中，頭骨、肋骨、骨盆都發生了很大變化。
除腳以外，手臂和腿保持了原來的大小比例。

但是，她如此粗魯的行為卻換來了一個英俊的王子！在一個更古老的蘇格蘭故事中，一隻癩蝦蟆向公主保證，如果她砍掉牠的腦袋，牠就會變身。可見，更多的時候，變形是由暴力而不是愛所引發的。

《格林童話》於1812年初次出版後，故事的再版與翻譯都緩和了原先的一幕，牠們都用親吻來改變人物的命運。有時這個關於變形的問題甚至完全被省略了，例如1837年這一譯本如此寫道：「第二天公主醒來時，驚呆了！因為她看到了一位英俊的王子，而不是一隻青蛙，那位王子正用世界上最美麗的眼睛注視著她。」

在格林兄弟的故事中，也沒有寫到變形的過程：原先是一隻青蛙，現在則成了一位王子，站在女孩的面前，就好像被施了魔法一樣。我們可以想像一團雲霧，或一道神奇的光，它們掩蓋了整個變化過程，讓一切變得順理成章，但是作家們並沒有使用這種手段。

其他故事有時會提供一個簡短的描寫，雖然不是準確的解釋，例如青蛙脫掉了自己的皮，出來的是一個王子。在一個韓國的故事中，癩蝦蟆和女孩結婚後，讓女孩用剪刀在牠的背上剪一個口子。一個俊美的年輕男子從動物的身體裡走出來。癩蝦蟆的皮只不過是一件外套，只要脫下來，牠就可以變身了。這也是俄羅斯童話故事《青蛙公主》（也叫《聰明的瓦西莉莎》）裡的情節，一位非常聰明的姑娘瓦西莉莎被一個巫師變成了青蛙。她遇見了一位王子，並且和他成婚

了，王子把她的皮扔到了火裡，這迫使瓦西莉莎逃離。為了找回自己心愛的人，王子不得不開始漫長的追尋。毀壞阻止變形的外皮這一主題，在許多故事中都曾出現過，無論是青蛙、熊，還是天鵝。

這種特別的安排又凸顯了另一個問題，即動物與人雙方的體形問題。暫且不談瞬間的變化，我們可以思考一下從動物外皮下出來的那個生物的屬性。那究竟是一個正常身高的人，還是一個微型人——牠不得不長高、長大才能變成一個正常人？很遺憾，這個問題從未被研究過。最後，即使我們不做生物學方面的考慮，這種變形也涉及體貌的問題，動物與人類畢竟差別太大了。

雖然不真實，但是童話故事之所以選擇青蛙並不是完全偶然的。因為它必須選擇一種兩棲動物，才能完成只有動物能完成的各種任務。事實上，這個動物首先要潛入水塘深處找到公主弄丟的金球。本來魚也可以完成這一任務，但是魚沒有辦法走進城堡去要求與公主共同用餐，也就不能要求與她共枕同眠。相反地，青蛙既會游泳又會走路，還會跳躍。

最重要的是，青蛙是極少的幾種真正會變身的動物，因為青蛙本來就是變形的結果，水中沒有四肢的蝌蚪能神奇地變成了長著四條腿的兩棲動物。所以，我們可以這麼認為，出現在公主床邊的王子只不過是蝌蚪變身的最後一個階段。

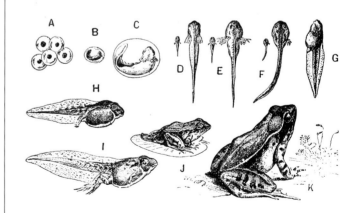

胚胎期（A-C）過後，蝌蚪（D-H）慢慢變成幼體的形狀，但是和青蛙或最後的王子還是差別很大。在第一階段的變形（I-K）中，牠丟掉了尾巴，並且適應了陸地環境，這對於王宮生活可謂必要的條件。

王子──青蛙的變形

年輕的英國王子

-正在變形中-

（Rana windsoris ❶）

歐洲

索羅門群島王子

（Bufo ridibundus）

大洋洲

贊百茲❷王子

（Lipus promptus）

非洲

達法國❹王子

（Rana hexapodis）

亞洲

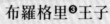

布羅格里❸王子

（Heracleus brogliae）

歐洲

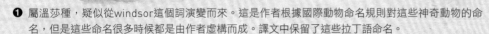

❶ 屬溫莎種，疑似從windsor這個詞演變而來。這是作者根據國際動物命名規則對這些神奇動物的命名，但是這些命名很多時候都是由作者虛構而成。譯文中保留了這些拉丁語命名。

❷ Le Zambaiser，作者虛構的地方名。從Zambie（尚比亞）、Zambèze（贊比西河）演變而來。

❸ Broglie，法國的一個村莊名。

❹ Le Dafadistan，作者虛構的地方名。Dafad在威爾斯語中有綿羊的意思，而stan表示想像的國度。

❺ Les Hulies，作者虛構的名字。

玉利族❺王子
（Hyloides papouasensis）
大洋洲

日本王子
（Imperiana kyotensis）
亞洲

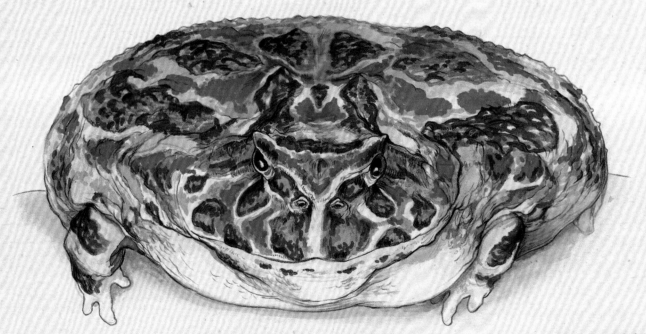

巴西王子
（Megarana bossanova）
南美洲

超自然歷史插畫
卡米耶・讓維薩德繪
奇幻學家

Mobilier et matériel pour l'enseignement ~ CHIMÉROLOGIE ~ Établissements DEYROLLE ~ 46, rue du Bac ~ PARIS 7ᵉ

一天晚上，一個男子變成了一隻甲蟲。
與傳統的變形相反，
這件事發生的原因以及它的過程一直都不為人所知，
但是動物學自有它的解釋。

甲蟲格里高爾
Gregor le bousier

場外的故事

卡夫卡在其小說《變形記》中描寫了推銷員格里高爾·薩姆沙變成一隻巨型昆蟲後的一系列故事。作家著重描寫了格里高爾的日常生活因為變形而忽然出現的各種混亂，尤其是主人公與家人關係的急遽惡化。由於作家迫不及待地把動物呈現出來，以至於很難辨識這隻動物究竟是什麼。Insekt即insect（昆蟲），這個詞並沒有出現在小說中。卡夫卡在小說開篇使用的詞Ungeziefer是一個非常普通的詞，意思是寄生蟲、害蟲（但是它也可用來指老鼠）。這就揭示了為何這個動物經常被描述成蟑螂的模樣，哪怕作家本人從來沒有使用過Küchenschabe或Kakerlak，這幾個詞才是指蟑螂。作家也沒有提及牠的觸鬚，對於這種昆蟲而言觸鬚通常很長，而且是很重要的器官。小說僅有一次隱隱提到了Mistkäfer（糞金龜），但無論是從動物學角度還是從生物學角度，這種說法都不可信。因

與格里高爾不同，有些變形後的人在社會上取得了極大的成功。

糞金龜堆積的糞球象徵著重生，不僅是因為它圓圓的形狀讓人想起太陽，更是因為糞球是牠幼蟲的搖籃。

為事實上，糞金龜並沒有卡夫卡所描述的那種纖弱的足，糞金龜有的是又短又粗且非常強壯的附器。此外，這種昆蟲不太出入住宅樓，因為在那裡牠們很難找到動物的糞便，而這恰恰是糞金龜繁殖所需的一種必要物質，因為牠們需要把自己的卵產在用糞便製成的球狀體中。

最後，作家對自然規律所做的唯一妥協就是變形後昆蟲的大小，因為變形後的昆蟲特別大，牠的各個部分大得非同一般，可以說像是怪物。面對如此怪異的一幕，博物學家會不由自主地尋找其原因。但是卡夫卡沒有給出任何關於變形過程的解釋：「一天早晨，格里高爾·薩姆沙從不安的睡夢中醒來，發現自己躺在床上變成了一隻巨大的甲蟲。」我們就只能依靠想像猜測前一天

動物形態學家曾記錄下人的毛髮與昆蟲蛻變後外表茸毛之間的相似性，但是毛髮的分布範圍肯定發生了改變。

晚上主人公身體在床這個巨大的繭裡發生的巨大變化。

我們理解作家為何會不願意解釋變形的種種細節，因為人與昆蟲的結構完全不同，人類與節肢動物的身體器官完全無法一一對應。在動物學家看來，昆蟲的六個附器與四足動物的四肢完全不是一回事。不僅僅因為數量的不對等，還因為兩者是從不同的身體組織進化而來，不屬於同樣的胚胎組織。這一變形意味著內骨骼結構的四肢變成了外骨骼結構的多關節附器。全身的骨骼在皮膚硬化成甲殼的過程中逐漸分解。臉部則長出顎與節狀的觸鬚，替代之前的嘴唇與牙齒，這一切又都意味著消化系統、血管、呼吸系統與神經系統的徹底變化。

當然，要是把格里高爾變成猴子或豬，就顯得更加容易可行，但效果就不會這麼令人稱奇了！

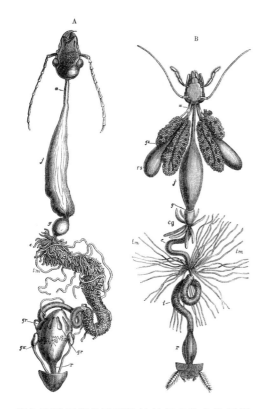

消化管道最後的形狀取決於昆蟲的食物偏好。

變身為螳螂意味著上肢失去了功能。

MÉTAMORPHOSE DE L'H

人——蟲之變

在自然呈現的一切變形中，人——蟲之變是最為複雜的變形之一。內骨骼結構被外骨骼結構的甲殼替代；四肢讓位於數量更多的附器；身體內部的變化不是那麼顯而易見，但是更加令人好奇的是，大腦完全消失，被神經淋巴所替代。

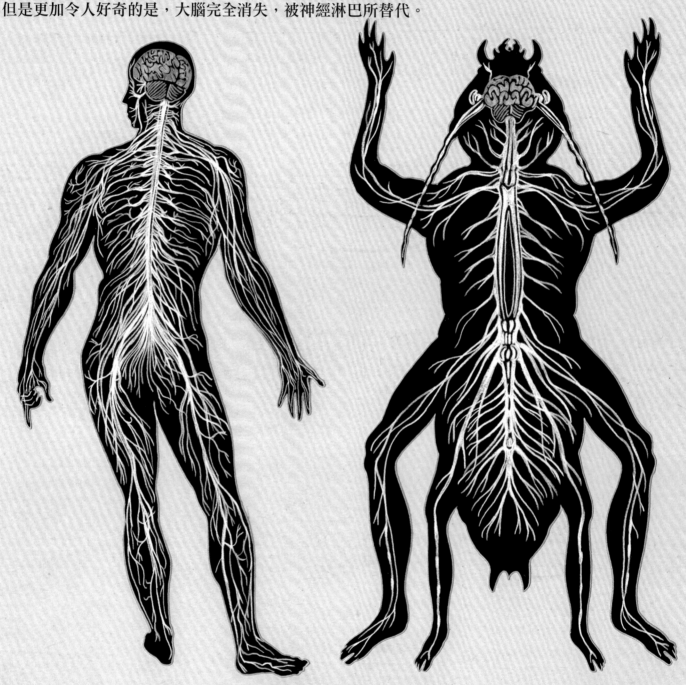

蟑螂人的神經系統

變形的階段

第一階段變化

人進入昏睡狀態，一般是在夜晚。

第二階段變化

附器雖然還保留著原來的樣子，但是已經開始受神經支配。

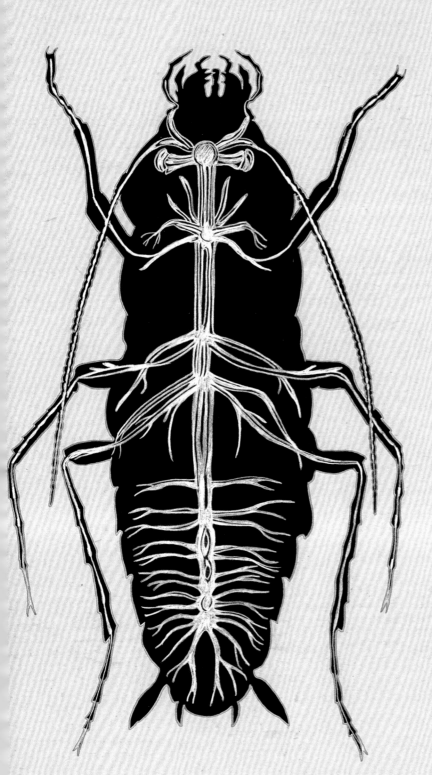

第三階段變化
神經系統完美地適應了新的身體結構

蟑螂人的頭
眼睛近似於人眼
（Blatta sapiens）

嬰兒變形為糞金龜的幼蟲
在任何年齡階段都可能發生變化。
很自然，人類的嬰孩會變成幼蟲。

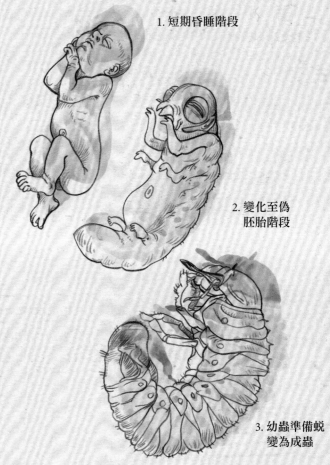

1. 短期昏睡階段

2. 變化至偽
胚胎階段

3. 幼蟲準備蛻
變為成蟲

超自然歷史插畫
卡米耶·讓維薩德繪
奇幻學家

Mobilier et matériel pour l'enseignement ~ CHIMÉROLOGIE ~ Établissements DEYROLLE ~ 46, rue du Bac ~ PARIS 7ᵉ

蒙福爾的鴨子
La cane de Montfort

魔法或神跡

一個年輕的鄉下女子被一個壞心腸的領主綁架了。她被關在一座塔樓裡，她向一位聖人祈禱，請求他將她從不幸中解救出來，最終聖人把她變成了一隻鳥。故事有各種各樣的版本，從布列塔尼到普瓦圖，廣為流傳。聖人並不總是同一個，有時是一個聖女。鳥的種類從一座城市到另一座城市也各不相同，最常見的說法是鴨子，有時是鶴或天鵝，大部分時候都是候鳥。因此，許多作家便把這些表現虔誠之心的故事與更古老的異教徒神話相提並論，在那些神話中經常會出現女人——鳥或者長成鳥模樣的女精靈，她們與這裡提到的年輕少女大相逕庭。

這個故事最有名的一個版本提到這是一隻蒙福爾鴨子，以至於這座布列塔尼的小城曾經被叫做「蒙福爾鴨」城。據說，每年聖尼古拉紀念日，都會有一隻非常漂亮的野生母鴨，四周圍著一群小鴨，一起走進蒙福爾的教堂，絲毫不懼怕人，之後牠們又回到附近的池塘裡去。

故事最初大約產生於12世紀，之後就備受爭議，直到如今。爭議主要集中於鴨子是否真的出現在教堂裡，尤其是這樣的場景有什麼寓意。天主教徒從中看到了神跡，但是新教徒對整個故事以及相信故事的人都表示不屑，他們會這麼問：「難道我們熟悉的故事就是這樣產生的嗎？一隻鴨子成了一個故事，奇幻與想像替代了真實。」可惜的是，那些教民的證詞在16世紀「布列塔尼歸順法蘭西王國」之前的動亂中遺失了。

然而，從神學的角度看，年輕的女孩變身為鳥，這樣的事很難讓人接受。這故事很快被天主教徒所摒棄，而代之以一個更加平淡的版本，即年輕的女孩簡簡單單地被聖人解救了，沒有發生變身事件。但是，鴨子出入教堂這樣的故事並不違背任何教義，所以被大家看作神跡。

因此，蒙福爾聖雅克修道院院長、常任議事司鐸文森·巴勒夫於1662年發表了《許久以來野

鴿子、鶴、母雞、火雞……自古以來，女人就被比作各種各樣的鳥，最漂亮的或者最醜陋的鳥！

鴨出入布列塔尼省蒙福爾城的真實故事及最新進展》這一文章，在文章裡他對故事做了改動：聖吉勒領主看中了一個年輕女孩，但是女孩並沒有變身，而是奇蹟般被「轉移出」了城堡。他又添加了一個細節，雖然她「逃過了這一劫，但是又陷入了一個更大的劫難。領主的僕人們以為他們的主子心願已經達成，他們自己也想好好享受一下」。幸好女孩又開始祈禱，她「才逃出了這些惡人的魔掌，他們一動不動、目瞪口呆」。變形的情節被兩次神跡所替代！

許許多多講述這一故事的民歌也分成了兩個版本，有或者沒有變身。夏多布里昂這樣描述他母親吟唱的故事：「鴨子最終變成了美人……」因為他是一個異常虔誠的天主教徒，所以他確信自己的母親吟唱的是「一個錯誤的版本」。塞維涅夫人則講述了一個截然不同的故事，在她的故事裡，女孩的確發生了變形，但這是因為她不信教而得到的懲罰，因為她不想稱頌聖尼古拉。大家都覺得她隨意編造了這個故事。

至於鴨子，兩百年間，有親眼見過的人，也有道聽塗說的人，他們聲稱「鴨子在十字架旁邊飛來飛去，還飛到了祭壇上」，身邊還有牠的小鴨，時間幾乎都是在5月9日前不久。但是作家們都覺得鴨子去教堂的次數「越來越少」。最近一

如果說蒙福爾鴨源於一次變形，它的小鴨子從何而來就非常撲朔迷離了（莫河邊的蒙福爾城的風向標）。

次在蒙福爾露面是在1739年，故事也是別人轉述的，說是有一隻鴨子只是「繞著墓地的十字架飛了好幾圈」。1792年，法國大革命期間，「蒙福爾鴨城」被改名為「蒙福爾山城」，之後於1801年又被改名為「莫河邊的蒙福爾城」。

「她獨自一人在房間
乞求上帝拯救她；
乞求上帝與聖母
將她變成一隻鳥。

祈禱還未結束，
有人看到她已飛起，
朝上、朝下，
飛出了聖尼古拉大塔樓。」

——*19世紀民歌選段*

烏鴉與貓頭鷹
Corbeaux et hiboux

魔鬼之鳥

「盧修斯偶然來到一座房子裡，那裡有一個女人，她一旦塗上香膏就會變成烏鴉。」一位荷蘭醫生約翰·維耶爾如此引用了阿普列尤斯的小說《金驢記》，在這本書中可以讀到最古老的女巫變成鳥的描述。在原來的文本中，實際上是一隻貓頭鷹，但是這並不重要，因為這兩種鳥都與巫術關係密切。烏鴉喜歡吃腐屍，據說會在戰場上了結傷者。如果牠停留在一戶人家的屋頂上，說明他們家有人即將離世，所以牠與死神甚或魔鬼往來甚密。貓頭鷹（又叫梟），是一種夜鳥，我們知道黑暗恰是魔鬼的王國。正因為牠們的這些罪名，這兩種鳥經常在各處被釘在穀倉的門上。

1580年，法學家兼魔鬼學家讓·博丹出版了《論巫師魔鬼附身的妄想》一書，這是一部研究巫術的重要著作。在書中他認為「人變獸這一現象是真實存在的」。他給出了許許多多的例子，比如狼人，或者變成貓的女巫：「人類遭受一大群貓的襲擊，有個人丟了性命，其他人受了傷，但是他們打傷了好幾隻貓，這些貓後來變成了女人，傷得很厲害。」

那時候，許多人真的以為巫婆會變成動物，或者用同樣的法術讓她們的鄰居變身。被指控懂巫術的女人被嚴刑拷打，被迫懺悔，如果她們為

經典女巫形象，即「鍋邊的女巫」。

了逃過劊子手的殘害而不得已承認那些莫須有的罪名，更需要真心懺悔，最後還是被活活燒死。

往往從變身過程中忽然發生的意外事件可以明白一切，意外事件對女巫的整個身體都產生了影響。保羅·塞比洛[1]，19世紀末的民俗學者，他重新描寫了流傳於各個村子的故事：「在瓦隆地區，有人在午夜時分遇到一隻黑貓，牠被帶到一間屋子裡後開始講話；一個老婦人把一些滾燙的糊糊潑到牠頭上。第二天，有人看到一個討飯的女人，她的臉上滿是傷疤……一頭小母牛把頭伸到了果園的籬笆上，一個年輕男人用棍子打牠，牠便跑開了。果園裡住著男子心愛的女子。第二天，他聽說他的愛人去世了，據說腰部遭受了致命的一擊。原來，因為猜忌，她變身為小牛去監視她深愛的人。」

如今，在網路上流傳著許許多多女人變身為貓頭鷹、烏鴉變身為女巫的故事，還附帶照片。在奈及利亞，一些親歷者講述了一隻烏鴉如何落到地上，「然後忽然變成了一位老婦人」。消息被迅速傳播，一傳十，十傳百。員警介入了這件事，解救了被打的不幸老婦人。其他一些人確認她被帶到了警察局，她承認了自己女巫的身分。同樣的故事經常被說起，而且總是配有圖片和描述性的長文。在墨西哥，有人拍攝到一隻被捉住的貓頭鷹，牠「正透過一扇窗戶往外看，向捉牠的人施法術」。貓頭鷹遭受了火刑，被一群女人審問，她們要求牠表明身分，即說出牠的姓名。控訴牠的人還向牠念《聖經》的選段，強迫牠變身。

這些故事似乎都發生在遙遠的過去，因為與中世紀時的故事很相似。唯一的新意是，它們有時會同最新的一些神話元素結合，比如會在其中加入外星爬行動物以及國際陰謀故事！

[1] Paul Sébillot（1843—1918），法國人種學家、作家、畫家。

MÉTAMORPHOSES DES SORCIÈRES N° 7

女巫的變形

有些女巫生來就有變身為動物的特殊本領，哪怕外表看起來十分相似，
但是牠們的動作、姿勢以及使用日常物品的方式還是會保留一些人的特徵。

變身為白烏鴉的女巫
（正在揮動小木棍）

變身為貓頭鷹的女巫
（正在採摘藥草）

變身為烏鴉的女巫
（正在攪拌飲料）

變身為老鼠的女巫
（正在嘗藥水）

變身為兔子的女巫
（正在偵察環境）

變身為癩蝦蟆的女巫
（正在唸咒語）

變身為黑貓的女巫
（準備狂舞一番）

變身為狗的女巫
（正在看魔法書）

超自然歷史插畫

卡米耶・讓維薩德繪
奇幻學家

Musée scolaire ~ MONSTRARIUM ~ Établissements DEYROLLE, 46 rue du Bac, PARIS 7e

當少女變身為鹿，誰才是她真正的愛人呢？
一旦心理分析介入童話故事，
那麼一切皆有可能！

白鹿
La blanche biche

美女與獵人

只要說起「白鹿」，人們腦海中就會浮現月光下的中世紀森林、善良的或者惡毒的仙女以及勇敢的騎士。從中世紀早期開始，原野上、森林裡總是會發生一些超自然的捕獵行動，被詛咒的男爵們追趕他們的獵物，一路上都是號角聲、狗吠聲。

〈變成白鹿的少女〉這首歌曾經非常有名，它與這傳統息息相關，但是這一故事是從獵物的

殘害無辜抑或對於心愛女子的一種迫害？

角度而不是從獵人的角度講述的。瑪格麗特是一個貴族家的女兒，一天她哭著對自己的母親說：「白天我是一個少女，晚上卻是一隻白鹿。」她害怕被自己的親哥哥里昂（或者雷諾，不同的版本有不同的名字）殺死，她哥哥是一個狂熱的圍獵愛好者。夜幕降臨了，她的預感變成了現實，但是準備殺死她的剝皮人發現她「長著金色的頭髮以及少女的乳房」。之後便是晚宴，被殺死的獵物成了獵人們的美食，瑪格麗特詛咒這些客人：「你們儘管吃吧，屠殺少女的劊子手，我的頭就在盤子裡，我的心被釘在釘子上，我身體的其他部分在烤肉架（柴架）上烤著。」

這個故事把血腥的捕獵與血淋淋的食物聯繫在一起，被大家用各種方式分析、闡釋。根據重建的德魯伊教祭司傳統，鹿女應該意味著「神母的再現」、「仙境中的母性圖騰」，甚至根據一種心理分析解讀，故事中蘊藏著瑪格麗特與哥哥之間的不倫之戀，這一罪行使兩個人遭受了非常嚴酷的懲罰。

瑪格麗特為何會每日發生變身，對於這一不幸我們一無所知。但是，在17世紀多爾諾瓦伯爵夫人所寫的童話故事《林中鹿》中，我們發現女主角之所以會變身，是因為被一個壞心腸的仙女施了魔咒。德熙蕾公主的父母不得不讓女兒在16歲之前遠離陽光的照射，否則，她會遭遇不幸。離命定的期限還有三個月，少女被陽光照到，一下子變成

獵人的奔跑以及最後的射擊象徵著他對愛的追擊？

白鹿的外形與少女的優雅、美麗是一致的。

了鹿。多虧另一個仙女的幫助，公主白天保持著鹿的模樣，到了晚上可以恢復人身。同瑪格麗特一樣，她在一場圍獵中被一個王子抓住，這個年輕的王子名叫蓋里耶（Guerrier，意為「勇士」），他在少女變身為鹿之前見過她的容貌，並且瘋狂地愛上了她。他最終用箭射中了少女變成的鹿，但是鹿的傷口並不嚴重，結局十分圓滿（兩人結成了夫婦）。王子甚至十分愛戀鹿，因為公主即使是鹿的樣子也依然迷人。

　　這一變形可以說非常真實，因為少女很瞭解鹿喜歡的食物：「感到飢餓時，德熙蕾就會津津有味地吃草，之後又會覺得很吃驚，自己竟然會這樣做。」她保留著原初的記憶，因為她為了躲避危險，總會想方設法爬到樹上去，「但是她已然忘記自己曾是鹿」。雖然作者沒有細說變身的過程，我們卻仍能推理出，公主在內心深處依舊是公主，只是學會了一些鹿的自然習性，或者至少是獲得了一些鹿的本能。她比瑪格麗特更接近動物，但是經歷的事要比瑪格麗特輕快很多，因為真正可怕的是人性。

獵人們聚餐時，孩子們也在場，正好可以教育他們如何抵擋變形的危險。

> 變身為蒼蠅，這是一個詩人的夢，
> 然而從動物學和社會學的角度來看，
> 卻是一個十足的噩夢！

蒼蠅
La mouche

科學的魔力

　　一位研究者正在調試一台可以實現「瞬間移動」的機器，忽然發現自己身體的一半變成了蒼蠅，原來是因為一隻蒼蠅和他一起鑽進了機器裡。故事來自於喬治・朗熱蘭[1]創作的一部短篇小說《變蠅人》，發表於1957年，幾乎立即就被改編成電影，然後又以電影、戲劇或漫畫的形式被多次翻拍。

　　人們認為巫師、魔鬼有時可變身為蒼蠅（也許因為巴力西卜[2]是「蒼蠅王」），但是這種變形在文學中十分少見。1784年阿那－熱德昂德拉菲特[3]出版了《聖水缸中的魔鬼與穿護胸甲的辦報人變成了蒼蠅》一書，但是故事本身與故事題目

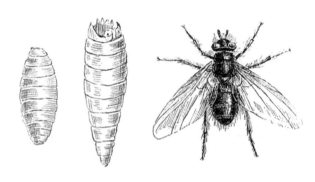

綠頭蒼蠅的蛹（中），是從幼蟲（左）變為成蟲（右）的過渡階段。

其實並不相符，所謂的蒼蠅其實是密探：員警的眼線。與密探一樣，蒼蠅可出入各個地方，四處探聽但不為人發現。正是這些特徵使得巴洛克詩人隨心所欲地描寫自己變成蒼蠅或者蝴蝶，甚至可以悄悄落在自己愛人的身上：「我希望變成蒼蠅，飛到你的唇上。」讓・格里塞[4]如此寫道。但是，這只是一種願望，陷入愛河的人並沒有真的變形。這種變化其實非常危險，因為蒼蠅要面對許多敵人，鳥、蜘蛛或癩蝦蟆……並且，這種變形看起來就很不真實！

　　20世紀的科學知識讓《變蠅人》的作者朗熱蘭得以自證變形的條件。變形的實施者不再是神，而是機器，變形不是為了懲罰不敬的行為，而是因為研究者的好奇心！雖然這種變形持續時間短暫，但它是科學的，至少表面上是。唯一的依據是

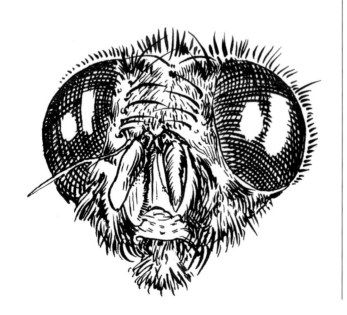

比起蒼蠅的腳，蒼蠅的頭更能說明變形的困難。

「兩個原子以光速穿梭於兩台機器之間」，朗熱蘭非常推崇讓・羅斯丹❺及他在青蛙變形方面所做的實驗。正是在那個時代，變形人的故事或真或假充斥了銀幕。依據幾個關鍵字（裂變、原子、變形等），人變成大蒼蠅的故事變得真實可信。但是，這讓動物學家提出了許多問題。

首先，變形本身一點都不複雜：人的頭變成蒼蠅的頭，人的手臂變成蒼蠅的腿。事實上，雖然頭仍然保持著大致的圓形，但是談不上器官與器官之間的對應變化。蒼蠅沒有鼻子、耳朵、嘴唇、牙齒，牠的附器與人身體的任何器官都不對應，因此根本不應該出現。牠的眼睛與人的眼睛非常不同，牠借助甲殼質的口腔器官、下顎以及長著觸鬚的上顎吃東西。更重要的是，手臂的內骨骼被外骨骼、甲殼所替代。兩者之間怎麼能一一對應呢？對於插圖師來說這是複雜的事，對於動物學家來說這是不可能的事！

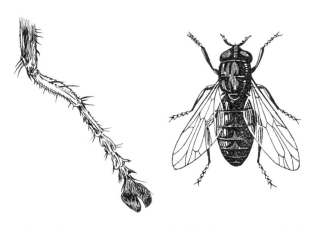

蒼蠅腿的最後一節長著兩個黏黏的線團，它可以讓蒼蠅停在任何想停留的地方。

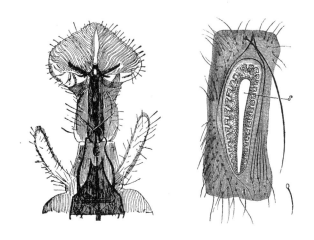

顯微鏡下可以看到蒼蠅各個纖細的組織器官，比如蒼蠅的長鼻子（左）或氣門，即呼吸器官上的孔（右）。

「變蠅人」始終保持著清醒的頭腦，雖然他衣著得體，但是依然不敢隨意進城。

❶ George Langelaan（1908－1972），法國作家、記者，著有短篇小說《變蠅人》（La Mouche）。
❷ Belzébuth或Bahal-sebuf，又譯「別西卜」，猶太教中的神，是一切飛行生物的主人。在《聖經》中被認為是魔鬼之王，通常以蒼蠅的形象出現。
❸ Anne-Gédéon de La Fitte（1754－1807），法國諷刺作家、探險家。
❹ Jean Grisel，經查閱，這首詩的作者是阿瑪蒂・雅曼（Amadis Jamyn1540－1593）。
❺ Jean Rostand（1894－1977），法國作家、生物學家、科學史家，法蘭西學院院士。

MÉTAMORPHOSE PARTIELL

蒼蠅——人的局部變化

這一變形極其少見，獨屬於科研人員。所謂的局部變化具有兩重含義，
首先是只有某幾個器官組織偶然發生了變化，其次是變形不會對這些器官產生深刻的影響。
如果是頭部發生了變化，感受器官就會變得異常龐大。

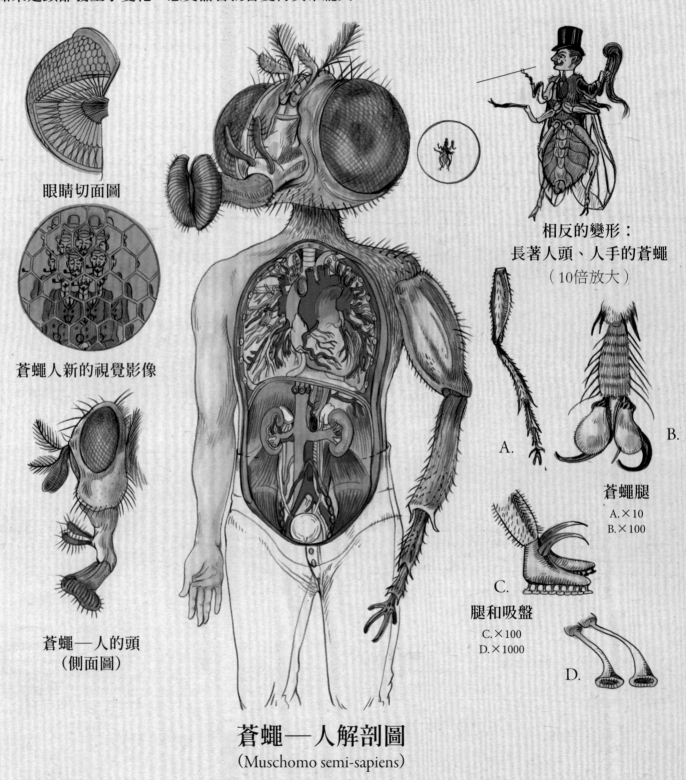

眼睛切面圖

蒼蠅人新的視覺影像

蒼蠅——人的頭
（側面圖）

相反的變形：
長著人頭、人手的蒼蠅
（10倍放大）

A.

B.

蒼蠅腿
A.×10
B.×100

C.

腿和吸盤
C.×100
D.×1000

D.

蒼蠅——人解剖圖
（Muschomo semi-sapiens）

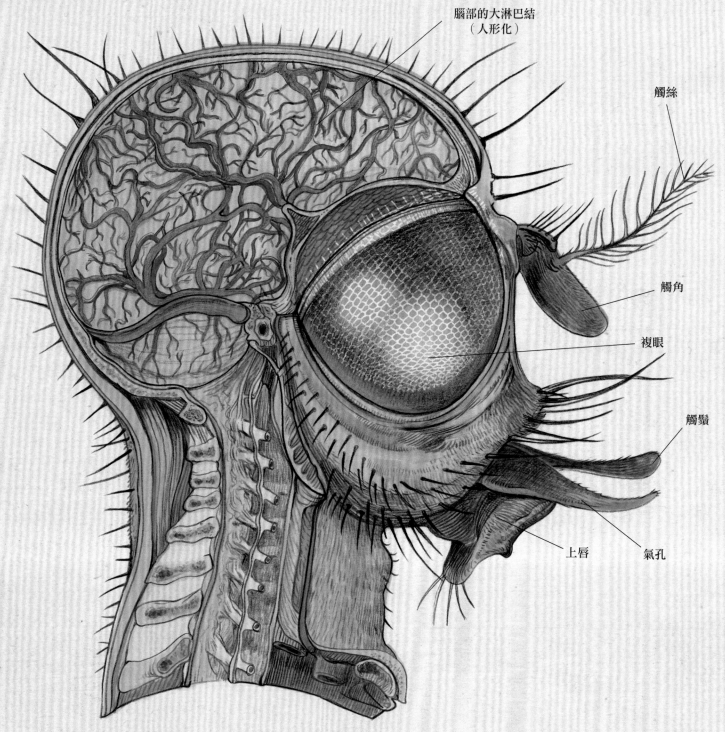

腦部的大淋巴結
（人形化）

觸絲

觸角

複眼

觸鬚

上唇

氣孔

蒼蠅—人頭部切面圖

複眼長在了外面，沒有侵佔保持人形的大腦皮層。
蒼蠅——人保留著原來的感官與意識。
他無法再說話，但是天生具有一種不可思議的視覺。
聽覺、嗅覺與味覺也增強了好多倍。

超自然歷史插畫
卡米耶·讓維薩德繪
奇幻學家

Cabinet des merveilles ~ MIRABILAE ~ Établissements DEYROLLE ~ 46, rue du Bac ~ PARIS 7ᵉ

牛從遠古時期就開始伴隨人類左右，
還有什麼比兩者之間或真實
或想像的變形更加自然的呢？

母牛與公牛
La vache
et le taureau

欺騙與喬裝

　　雌性螢火蟲通過尾部發出的光來吸引雄性螢火蟲，這種交流方式對於牠們的繁殖來說十分必要。動物群類中，某些動物會模仿其他動物，但是目的各不相同。所以，雌性螢火蟲可以發出與之相近的昆蟲的資訊，從而吸引其他雄性昆蟲。顯然這並不是為了繁殖（因為牠們本來就不屬於同一類昆蟲），而是為了吃掉牠們！我們稱之為擬態，或從道德的角度來說可稱之為欺騙，但是這與變形並無關係。

　　同樣，當朱庇特裝成一頭公牛去引誘歐羅巴時，他其實並沒有變形，只不過是稍稍喬裝打扮了一下。相反，為了不讓赫拉看見自己的所作所為，朱庇特把伊娥變成了小牛，這個不幸的少女是真的變了身。她成了朱庇特所施詭計的犧牲者，靠自己的力量她沒有辦法恢復原形。在奧維德所寫的故事中，朱庇特最後覺得有些後悔，所以恢復了她的人形。詩人描述的也正是這恢復原形的過程（但是並沒有詳細描述最初的變形）：「身上的毛消失了，牛角不見了，眼睛變小了，嘴巴也變小了，肩膀和手都回到了原來的位置，五個腳趾頭一一分開，顯出了腳的模樣，唯一與小牛相似的地方就是雪白的膚色。美麗的女孩站起身，兩隻腳足以支撐她，但是她不敢說話，因為擔心自己一說話就發出哞哞聲。」

　　另一個變身為公牛的故事載於《聖經》中：尼布甲尼撒王二世無視上帝的偉大，他聽到天空中傳來一個聲音：「聽著，尼布甲尼撒王，你的王國將被人奪走，你將被趕出人類居住的地方，與田裡的野獸作伴，你只能像牛一樣地吃草。」

《尼布甲尼撒王》，阿德里安·范·德·文尼，繪於 17 世紀。

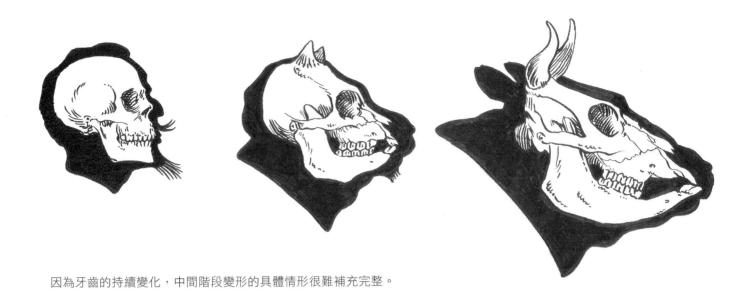

因為牙齒的持續變化，中間階段變形的具體情形很難補充完整。

（《但以理書》，第4章31節）七年裡，國王成了牛的樣子，或者，至少他覺得自己變成了牛。中世紀時期，這個故事意義重大，因為它讓一些人相信變形是可能的事，而又讓另一些人覺得變形不過是人類想像的產物。

1730年，這一事件在宗教界依然存在爭議，奧古斯丁・卡爾梅特❶教士概述了兩派人的觀點。尤其他引用了魔鬼學家讓・布丹的話（這位魔鬼學家在16世紀時竭力提倡驅逐女巫），國王「不僅失去了原本的身體樣貌、感覺，而且失去了人的意識」。布丹把這一變形歸於撒旦，而且借用這一故事來證明巫師的法術使人變成了狼。其他人則堅持認為身體的變化雖然是真的，但是「國王在這種不幸的狀態中依然保留了人的理性」。有些人認為這一變形不過是短暫性的發瘋，這也是卡爾梅特教士的觀點：「尼布甲尼撒王以為自己已經變成了牛，像動物那樣吃草、頂角，任由頭髮、趾甲生長，哞哞叫，光著身子到處走，在外面模仿牛的所有行為……他飽經風霜雨雪，以至於皮膚、毛髮變成了鷹的羽毛，手變成了獅子的利爪。」最後，變形大體上可以說已成事實。

在另一些人看來，變身為牛的故事的確屬實。據說，西元1世紀的丹麥國王弗若通三世，又名特朗基耶（Le Tranquille，有「寧靜」之意），他被一個變身為牛的女巫用角頂死了，因為國王認為女巫偷了他的金子。由此看來，自古以來，人變牛，並沒有人變狼那麼順利。

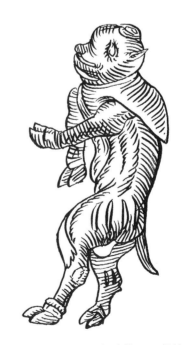

奇醜無比的怪獸肖像，手腳是牛的樣子，其他地方也非常可怕（安布魯瓦茲・帕雷，《怪物與奇物》，1573年）。

❶ Augustin Calmet（1672-1757），又被稱作卡爾梅特教士（Dom Calmet），《聖經》注解者。

CHAPITRE 2

簡單的變形
MÉTAMORPHOSES SIMPLES

不管變形速度多快，這一類的變形是可以被觀察和描述的。

通常，它們會遵循一定的邏輯，

而變形後的樣子也總是與原形保持一種相似性……但並不總是如此！

變成他自己！
這種天真願望的前提是最普通的一類變形，
即人變成豬。或可以說隱喻也是一種變形。

豬
Le porc

近乎人類

豬屬於偶蹄目動物，就像牛、鹿或駱駝，雖然牠與靈長類動物一點都不像，但是，豬在許多方面與我們人類很像。從外貌看，牠的皮膚是粉色的且沒有濃密的毛，牠肥胖的體形和人類的體形十分相似。從心理看，人類也很貪吃，也有無節制的性慾以及某種程度的智力。這一切都把人同豬聯繫在一起，並且有可能建立起一種動物學之外的假設，即豬與人的親緣性。

對女巫瑟西而言，把奧德修斯的同伴變成豬該是輕而易舉的事。其實，她本來也可以選擇把他們變成狼或熊。因為，在她那個時代，豬一般是灰色的，渾身都是毛，這就弱化了人類與豬的相似性。荷馬很含蓄地寫道，水手們的「頭、聲音、體毛以及體形與豬很相似」。

荷馬之後又過了7個世紀，奧維德重新書寫了〈奧德修斯〉中這一著名的片段。如一貫的作風，他細緻地描寫了變形的過程：「忽然，我簡直難以啟齒，我的身體開始長出堅硬的毛。而且，我連話都講不了了──嘴巴裡吐出來的不是話，而是沙啞的哼哼聲。我的頭垂到地面。我感覺嘴巴越來越大、越來越硬，變成了長長的拱嘴。我的脖子越來越粗，一圈圈的肉堆積在一起。我用拿過（毒藥）杯子的手撐著地面走路。」

自古以來，這個神話故事就一直受到各種爭議。有些作家認為，水手們應該是因為貪吃受到了懲罰，所以才會變成豬，他們無法拒絕瑟西的

誘惑，接受了「乳酪、大麥、新鮮的蜂蜜、美味的葡萄酒」。相反地，只有奧德修斯拒絕了無度的飲食，加上他的理智，才使他倖免於難。他還主動放棄與美人瑟西一起快樂地生活（雖然接受她

哪怕豬人體態高貴，也不得不因為自己的雙重屬性而做出妥協，在西裝背面開一個口子，放他的豬尾巴。

奧德修斯的一個同伴變成了豬（西元前 5 世紀，希臘青銅像）。

的好意，與她待了一年）。

　　就像荷馬強調的那樣，變形後的戰士們失去了關於故園的記憶，「但是他們的思想一直保持著原來的狀態」。因此，有些評論者在這一故事中看到了靈魂轉世這一隱喻，畢達哥拉斯學說中提到人死後靈魂會在新的軀體裡得以重生。瑟西的名字也讓人聯想到圓，即生與死的迴圈。最終，多虧了奧德修斯的介入，所有的水手才終於恢復了人形：「忽然，強大的瑟西用可怕的法術

生出的鬃毛從他們的身體上掉落。我的戰士們又恢復了以前年輕人的模樣，而且比之前更加英俊、高大。」既恢復了原身，又得到了進化，這一雙重改變實際上並不符合靈魂轉世說。

　　哲學家普魯塔克通過描寫奧德修斯的一位名叫格里羅斯（Gryllos，意為「豬」）的水手，進一步豐富了恢復人形這個故事。這名水手拒絕再變回人，因為「人是世界上最悲慘、最不幸的動物」，他覺得動物才更勇敢、更節制、更聰明。這一個捏造的趣聞與荷馬的創作相悖，曾被許多人反覆研究。法國散文作家費訥隆在其作品《亡靈對話錄》的一章中寫道，一個叫做格里魯斯（Grillus，同樣意為「豬」）的人抱有相似的想法，人類「盲目、不公、愛欺騙、不幸，雖然貴為人，但是總是相互打打殺殺，無論是對於自己人還是對於鄰人而言都是敵人……豬雖然不討人喜歡，但是牠算得上心地善良：牠不會造假幣、做假合同；牠從來不會違背誓言；牠既不吝嗇也沒有野心；牠不會為了榮譽而展開不公的戰爭；牠純樸，沒有

奧德修斯威脅瑟西，如果她不想辦法讓他的水手恢復人形，就要殺死她（古希臘陶器上的圖案）。

任何壞心思；牠的一生在吃喝睡覺中就過去了」
。格里魯斯打發奧德修斯去戰鬥：「去吧，去統
治他們，去見佩涅洛佩（奧德修斯忠貞的妻子），去
懲罰她的情人們：對於我而言，我的佩涅洛佩就
是身邊這頭母豬。」但是，費訥隆並不是完全贊
同格里魯斯的話，他強調了自己的觀點：「如果

1110 年，在比利時的列日市，一頭母豬生下了長著人頭、
人腳與人手的豬，但牠身上的其餘部分仍是豬的樣子
（安布魯瓦茲・帕雷，繪於 1575 年）。

死於貪吃的人要多於死於劍下的人（格蘭德維爾，1845 年）。

真正的哲學與宗教無法教化人，那麼人會比動物
更糟糕。」

　　醫學更是加強了豬與人之間具有相似性的想
法。從古代到中世紀末，醫生一直通過解剖豬來
教學生人的身體結構。如今，有人試圖讓豬「人
化」，目的是讓器官移植合理化。外科醫生很難
取得適用於移植的器官，所以研究者才會用動物
器官。他們將目標轉向豬，因為猴子並不適用，
雖然猴子是與人類最相近的動物；狒狒太小，而
黑猩猩又因為太珍貴，已經被列為保護動物（實在
是萬幸）。

　　而豬呢？牠們體形剛好合適，飼養也不需要
花什麼錢。當然從遺傳學的角度說，必須對豬進
行改良，以避免器官排斥的現象。很久以前，牠
們的心臟瓣膜就已經被使用，而研究一直都在向

前推進，為了有一天能夠實現整個心臟的移植。
可以說這涉及雙重變形（當然不是徹底的變形），一
方面是豬的變形，牠被局部「人化」了，好與人
類的器官相容；另一方面是人的變形，他的某些
部分被「豬化」了，至少心臟部分是這樣的。但
是，人類與豬之間的關係非常複雜，愛恨交織，
這很可能會使此類異種移植被叫停。

　　但是已經有人談起過人與豬的聯繫，例如在
喬治・歐威爾的《動物農莊》一書中，豬被當作
人，牠們繼承了人最糟糕的缺點，牠們和人在遊
戲桌邊混在一起，齊心協力、團結一致去壓迫其
他動物。

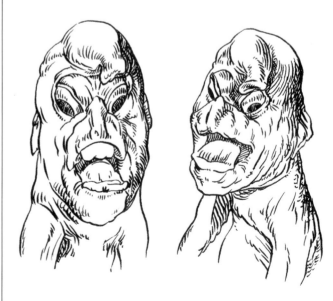

長著人頭的小豬。面對這樣的奇事，有人試圖從母豬做
的夢尋找其原因。但是生物學家提出了不同的解釋。

MÉTAMORPHOSE DE L'HOMME-PORC N° 163

豬──人的變形

人變豬始於骨骼內部的變化。他的四肢變成四足動物的樣子，他的脊背漸漸變長，
直到長出螺旋形的尾巴。同時，他的牙齒也在漸漸變化，鼻子變成了豬鼻子。

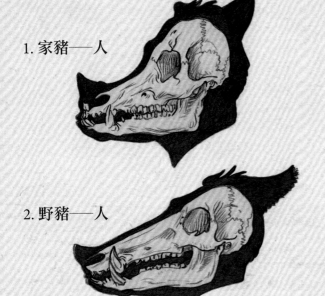

1. 家豬──人

2. 野豬──人

家豬──人與野豬──人的對比

野豬人相當於城裡的家豬人的鄉下版
（側面圖）

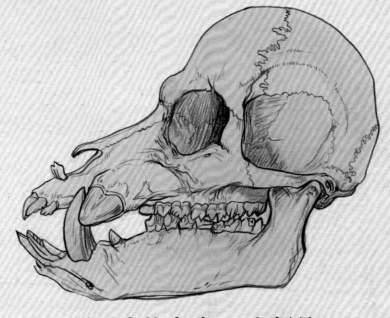

變形中的家豬──人顱骨

（Homoporcus domesticus）

骨骼變化

變形中，骨骼忽然失去鈣
質，所以它們可以變長、
變形。然後，忽然之間它
們又獲得了鈣質，隨之而
定型。

去鈣過程中骨頭的橫切面

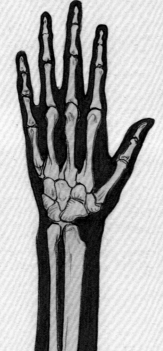

A.初始形狀

人感覺到手掌骨慢慢變軟，
改變了形狀。

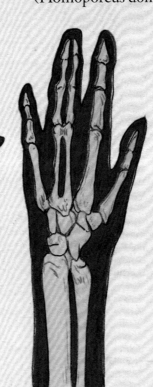

B.過渡形狀

中指和無名指
合在一起變成了一根手指

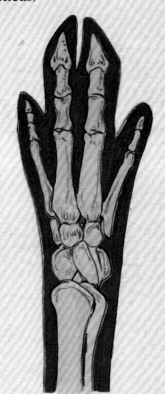

C.最終形狀

手變成了四趾的豬蹄，
趾甲變成了蹄尖。

Musée scolaire - MONSTRARIUM - Établissements DEYROLLE, 46 rue du Bac, PARIS 7e

在猴子成為人類的動物摹本之前，
這個角色曾經一直由熊來擔當，
北半球從西伯利亞到加利福尼亞，
熊是生活在廣闊而寒冷森林中的野人。

棕熊
L'ours brun
森林中的人

　　在淪落到形單影隻地生活在人跡罕至的深山之前，棕熊一直都是西歐地區大森林的主人。被獵人捉住的熊崽在集市展覽，「耍熊人」教牠們模仿人的動作。對公眾而言，熊也是那個時代唯一能夠長時間雙腿直立的大型動物（會直立的猴子都很小）。站立著的歐洲棕熊很少能超過兩公尺，這就凸顯了熊與人之間的相似。

　　這種相似性在一年一度舉辦的「熊節」期間尤為引人注目，在傳統意識十分強烈的地區，從加泰羅尼亞地區到羅馬尼亞，這些節日一直很盛行。在這些狂歡節上，熊由人喬裝而成，他披著厚厚的棕色皮毛，一下子鑽進人群裡，糾纏男人女人，尤其是女人，假裝要綁架她們。有時還會出現一個裝扮成女人的男人和一群試圖阻止熊得逞的獵人。但是這些獵人並不能阻止熊，熊甚至會假裝與女人發生關係。化裝舞會上經常會出現許多比較明顯的陽具象徵。同樣地，西班牙語中的一詞「裝熊」，也有「公開、無恥地求愛」（和「鬼混」）的意思；在俚語中，法語ourser❶有「做愛」的意思。這隻參加遊行的熊、這隻跳舞的熊、這隻讓觀眾發笑的熊，像一個野人，長著又長又亂又密的毛，象徵了好色又淫蕩的男性。

　　童話故事《一隻叫讓約翰的熊》在庇利牛斯山地區十分有名，講述了一個女人被熊擄走的

1930 年前摩爾達維亞的耍熊人。

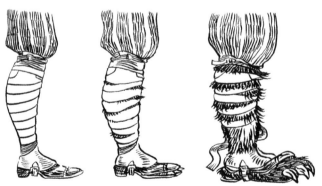

變形是一種不可控制的現象，最好能讓自己的衣服與之相配

❶ 法語中的「熊」拼寫成ours。

很長一段時間裡，棕熊一直被看作危險、不可捉摸的動物。

哪怕熊直立起身體，我們也能輕易把牠與人類區分開。

故事，包括他們結合後生下的孩子的命運。故事各有不同，但又萬變不離其宗。奧勞斯・馬格納斯，烏普薩拉的大主教，在1561年出版的《北方國家歷史》一書中，講述了一隻熊抓走了一個少女的故事：牠一開始決定吃掉她，但是「發現這個漂亮的女孩長著姣好的面容，這隻熊忽然陷入了一種新的激情，牠沒有吃她，而是非常溫柔地親吻她，從綁架者變成了愛人，牠實現了與少女的結合」。最後女孩生下一個孩子，他便是丹麥王國的第一任國王。童話故事變成了傳奇故事。

「像一隻熊」，意思是表現得憤世嫉俗，正如許許多多童話故事裡描述的那樣，一個性格暴躁、愛發脾氣的男人經常會變成熊。世界各地都能見到「未被舔乾淨的熊」（意為脾氣粗暴的人，沒有教養的人）。西伯利亞的圖瓦人認為，所有的熊都是某個曾經獨自去森林裡生活的壞脾氣男人的後代。同樣，布里亞特人的一個神話是這麼說的，熊應該是一個薩滿，他無法再變成人形。暴烈、粗暴、殘忍，熊也是一種強大而危險的動物。熊到人的蛻變以各種方式出現在北美洲、歐洲或韓國，就好像這種親緣性在每個地方都確鑿無疑。熊是圖騰動物、紋章符號，值得大家喜歡，尤其當牠直立起身體表現出人的姿態時。出於尊敬，西伯利亞的獵人在殺死熊之前會把牠叫醒，這反而使他們的行動變得更加危險。

熊意味著英雄般的力量以及狂熱的欲望，牠經常象徵人類的動物性。根據心理分析對一系列丈夫變熊的故事的解讀，熊的模樣大概意味著與他的結合是不合法的事：熊大概就是禁止亂倫的象徵。當然，其他人的解讀正相反，雖然完全應當禁止，但還是與動物結合了，這就相當於一個被禁止的亂倫故事……熊和人類如此相似，所以我們可以讓牠說我們想說的話！

摩爾達維亞熊節上的一隻熊人（20世紀）。

> 薩滿教相信史前山洞中的壁畫，
> 它扎根於人類最古老的歷史中，
> 那時候動物與人類的關係最為密切。

舊石器時代的雜交動物
Les hybrides paléolithiques
神祕的薩滿

舊石器晚期的畫家與雕刻家留下了成千上萬件關於猛獁象、原牛、熊或馬的作品，這些作品既寫實又具豐富想像力。在這些作品中，人們可以看到一些非常罕見的半人半獸的動物混合體。因為當時畫家與雕刻家的社會職能一直都不為人知，所以這些動物的混合特徵更加令人費解。

我們的祖先見過一些非常神奇的動物，例如猛獁象、洞熊以及巨角鹿——種長著極長的角的巨型鹿。

距今1萬7千年的「三兄弟」石洞內壁上刻畫著兩個「巫師」，吸引了無數評論家的關注。其中的一個巫師身著皮毛，長著馬尾巴，留著長長的鬍子，還長著鹿角。另一個巫師長著野牛的腦袋，手是牛蹄的樣子，但是腳還是人的樣子。他被喚作「拿著樂弓的小巫師」，因為他看起來似乎在演奏樂器，也可能是一枝笛子。也有人認為他是喬裝打扮後的獵人，拿著弓箭，爬著靠近一群野牛。獵人的側影大概是垂直地立在那裡，這種描述讓人想起天主教教士布勒伊[1]的觀點（如今已經為人遺忘），他認為，石壁上的畫應該是一些幫助狩獵的場景。

其他的史前史學家更傾向於認為，這些壁畫中隱藏著「薩滿教」的一些場景，至少有一些符合我們的想像。這些「巫師」戴的面具、穿的衣服使得他們變成了一些動物，好讓一些治療與占卜的儀式能順利開展。據說，服下植物的汁液或蘑菇熬成的湯藥可以讓鬼神附體，他們會感覺通過動物進入了另一個世界。現在的薩滿（或19世紀的薩滿）認為他們的法力降低了許多，真正的變身要追溯到遠古時代，但是他們的記憶是不是能回到史前時期呢？

一些新的發現豐富了這些雜交動物的存在依

---

[1] Henri Breuil（1877-1961），又被稱為「布勒伊教士」，法國史前史學家。

第一幅描述西伯利亞薩滿的畫作，出自荷蘭地圖學家尼古拉斯 · 維特森的作品（《北與東韃靼志》，阿姆斯特丹，1705 年）。他長著鹿的角和耳朵，但是長著熊的腳。

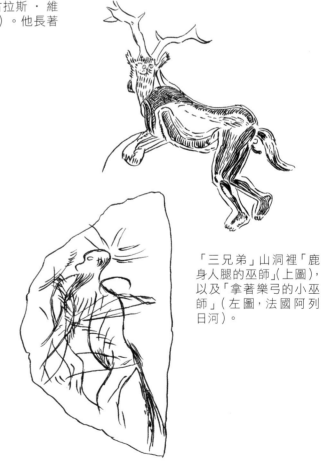

「三兄弟」山洞裡「鹿身人腿的巫師」(上圖)，以及「拿著樂弓的小巫師」（左圖，法國阿列日河）。

據，例如在施瓦本地區汝拉山的一個石洞裡發現的3萬年前的獅頭人身小塑像，這是不是就是前面所說的薩滿教中的變身——一種對人類起源的神祕表達？或是類似於印第安圖騰隱含的故事，讓人聯想到氏族部落的某個歷史事件？

　　不管這些雜交意象的真正含義、社會功能是什麼，它們都強調了人類如何將自己看作與之十分接近的動物世界的一部分，既是因為當時野獸非常多，也是因為當時狩獵是日常生活的重要組成部分。這個世界又是這樣現實，所以必須從中抽離出來，關注人與動物的差別。這種與自然的密切關係是印第安人原初神話以及澳大利亞土著人「夢創時代」❷中反覆出現的主題。

　　無論是薩滿教的變形，還是狩獵時的偽裝；無論是神話，還是魔法，史前時期的壁畫和雕像也許將永遠成為謎團，但是它們向我們揭示了人與動物之間深刻、久遠而複雜的關係。

❷ 「夢創時代」是澳大利亞土著居民重要的信仰，在澳洲土著文明中被認為是世界的伊始，天地萬物皆生於此，他們認為物質世界與精神世界之間不存在明顯的界限，因而相信「萬物有靈」。

男人與女人
L'homme et la femme

雙性人

在出版於1969年的小説《黑暗的左手》一書中，美國小説家娥蘇拉・勒瑰恩虛構了一個生活在另一個星球上的人類社會，在這個社會裡，每個人都是雙性人，沒有既定的性別。每個月中的某些天，每個人根據自己的際遇、感覺與欲望變成男人或女人。從地球去到那裡的敘述者一直保持自己的男性身分，被當地人看作不正常的人。

我們談論某個人的人類「天然屬性」，也會談論男性與女性（暫且不深入展開「屬性」這一概念包含的真正意義）。但是哪怕從一個性別變成另一個性別的現象不是非常普遍，它也的確存在於自然界中，包括反向的變形。石斑魚剛出生時是雌性，長到一定大小時就會變成雄性，這種變化有時是因為族群中雄性的遞減。

這一變形有時也可能由外因導致，例如蟹奴，這是一種類似藤壺的寄生蟲。牠的幼蟲附著在螃蟹的尾部，會生長出根一樣的東西，牠們在寄主的體內不斷蔓延，直到每個蟹腿的尖端。這些吸盤一樣的東西在寄主的體內不斷吸收生存、繁殖所需的一切能量。蟹奴不會讓螃蟹死去，寄主可以在這種狀態下存活兩年。但是，蟹奴的存在會引起另一個變化：牠會把公蟹變成母蟹。

在奧維德看來，性別的變化算得上是真正的

變形。他講述了忒瑞西阿斯的故事：他用木杖敲了敲兩條正在交配的蛇，他自己馬上就變成了女人。作家本人認為這一現象「令人驚歎」！因為瞭解兩種性別狀態，所以忒瑞西阿斯被喊來充當

最初的伴侶典範，雙方向來都是差異性的個體。

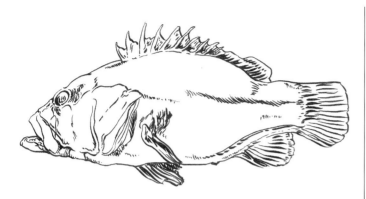

石斑魚出生時為雌性，長到 10-14 歲時會變成雄性，直到死去。

朱庇特與茱諾某次爭吵的裁判：男人和女人，在做愛中誰能感受到更多的愉悅？忒瑞西阿斯道破了女性的祕密，「如果按照十分制算，女性只能感受到男性愉悅感的九分之一」。他的回答支持了朱庇特的論調，所以惹惱了茱諾（「並不是因為理性」，奧維德明確寫道），茱諾剝奪了他的視力。但是我們在另一個文明中發現了同樣的觀點，在印度史詩《摩訶婆羅多》中，班伽濕瓦那國王最終選擇作為女性活下去，之前，因為他觸犯了主神因陀羅，被變為女人。

　　16世紀時，安布魯瓦茲・帕雷❶否認會發生這樣的變形，原因顯而易見，但是他特別強調當時的厭女風氣。「我們從未在真實的歷史中發現有任何男人變成女人，因為大自然總是眷顧更完美的存在，而不是將完美的存在變成不完美的存在。」相反地，女人變成男人則是可能的，並不是因為變形，而是因為某個簡單的事故。蒙田講述過一個不幸少女的故事：「因為跳躍的時候用力過猛，她的身上長出了男性器官；女孩子們間至今還流傳著從那個故事衍生出來的歌曲，以此相互警告不要用力跳躍，否則會像瑪麗・日爾曼那樣變成男孩。」

　　在文學作品中，這種變形並不常見。兩種性別之間的轉變自古代開始就一直為人所津津樂道，但是更多地存在於醫學領域，而不是故事裡。當然，這樣的事通常被認為是可怕的。亨利・博古特，1596到1616年間布洛涅地區的大法官，也是著名的神學家，他認為魔鬼用盡心思引誘巫師和女巫，為每個人選擇合適的樣子。魔鬼之所以變成男人，是因為「他知道女人喜歡肉體的快樂，只要稍微在她們身上撓撓癢，他就能讓她們聽命於他……因為巫師與女巫一樣淫蕩，所以，他又變成女人來取悅巫師，他主要在安息日行動」。

　　如今，這不再是一個關於變形的問題，變性已經成了一個新的話題，為了能讓自己的身體契合自己感受到的性別歸屬，人們有可能通過手術改變自己的身體結構。

以前集市節日上「長鬍子的女人」，這種現象引人關注又讓人覺得可笑。

❶ Ambroise Paré，文藝復興時期法國外科醫生，被後人認為是現代外科與病理學之父。

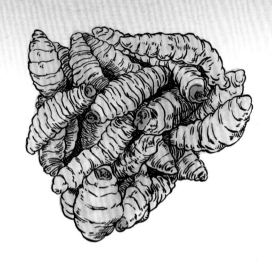

地球誕生之初，不斷有新的生命出現，
尤其是最微小、最簡單的生命。
至少以前大家都這麼認為……
直到路易‧巴斯德❶改變了這一觀點。

小蟲子
Les petites bêtes
不知從何而來

很長一段時間裡，大家都堅信：有機物質依靠自己孕育出了微生物、蠕形動物、蒼蠅以及其他昆蟲。這種自我繁殖的觀念（又稱自然發生説）為所有人接受，它也符合生命物質具有特別的生命力這一觀點。連亞里斯多德都聲稱：「植物、昆蟲、動物可以從與他們相似的生命系統中誕生，但是也可以從陽光照耀下正在腐爛的物質中誕生。」人們把從獻祭的牛身上飛出蜜蜂的現象叫做bougonie。從古時開始，就流傳著從馬的內臟中生出黃蜂和胡蜂、從驢的內臟裡生出金龜子的故事。

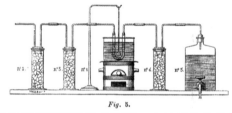

Fig. 5.

為證明自我繁殖而設計的實驗，由法國植物學家菲利斯‧阿奇曼德‧波卻設計於 1864 年。

17世紀時，博物學家凡‧海爾蒙特依然堅持認為，把潮濕的棉布放在一個盒子裡發酵，就能生出老鼠，他驚歎道：「更令人稱奇的是，這些老鼠從麥粒中出來時，不像那些發育不良的動物。牠們已經發育得相當成熟，不像其他動物需要媽媽餵奶。」在1784年的《法國水星雜誌》中，可以找到「用牛肉孵蠅」的方法：首先必須在一個罐子裡一層隔一層鋪上切碎的牛肉和桑樹葉，在最上面蓋上「幹活的人穿過的汗漬斑斑的舊襯衣」，然後把罐子在溫熱的地方放上幾週，「直到肉變成蠕蟲」。雜誌中的方法並不保證一定能成功。根據其他説法，只需要先用桑葉餵養小牛，然後把牛殺死，牠的屍體就能生出蠅。所有這些繁殖現象都不是從虛無中生出動

博物百科全書《健康花園》中描述的自我繁殖現象，出版於 1485 年。

❶ Louis Pasteur，法國著名微生物學家、化學家，微生物學的奠基人之一。

變形後金龜子忽然出現，彷彿是一種「自我」繁殖。

物，而是有機物的變化，是真正的變形！

　　直到1860年巴斯德做了系列微生物實驗，知識界才最終承認，哪怕是微生物也不可能從已經沒有生命的有機物中誕生。要繁殖下去，一種微生物就必須依靠另一種活的微生物：「生命是胚芽，而胚芽就是生命。自然發生說因為這簡單的實驗而遭受了致命一擊。」但這一觀點的傳播並不順利，自然發生說的支持者堅決反對這種理論，例如植物學家菲利斯・阿奇曼德・波卻就這麼認為：「大部分動物從表面上看確實是從胚胎發育而來的。但僅根據這一現象，某些專家就此得出『所有的動物都是由此誕生』的結論，這就斷然否定了造物的順序，包括先於造物存在的超自然力量；當然也就否認了光的作用。」不管怎樣，到了19世紀末，自然發生說逐漸在科學領域喪失了其地位。

　　但是這一重要的進步又引發了新的疑問，尤其是對於進化論者，即那些支持達爾文進化理論的人。如果說生命無法自我繁殖，那麼最初的生命又從何而來呢？巴斯德認為：「科學是自知的，它很清楚討論生命的起源對於它自己而言並沒有什麼用；它很清楚，至少就目前來說，這一起源超乎了它現有的研究範圍。」直到20世紀，終於有了答案。自我繁殖在現在已經不可能發生，但最初的地球環境卻可能孕育出生命！40億年前，大氣的組成與現在很不一樣，有機物質可以依靠太陽能或海底熱液提供的能量實現自我繁殖。我們也知道隕石和彗星將一些有機物質帶來地球，剩下的只需要證明這些物質如何相互結合變成了有生命力的細胞，從而開創了漫長的變形歷史，即35億年前生命初始時的物種進化。

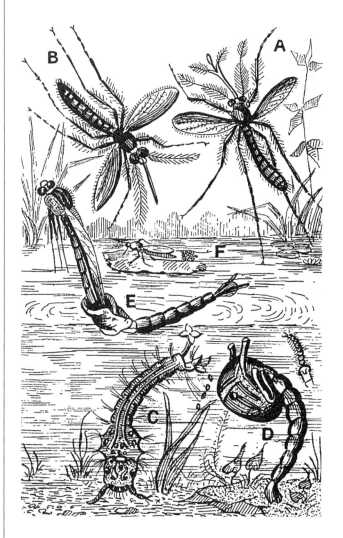

沼澤地似乎提供了有機物質自我繁殖必需的有利條件。最早發明的顯微鏡顯示，哪怕是最小的昆蟲也具有非常複雜的身體結構。

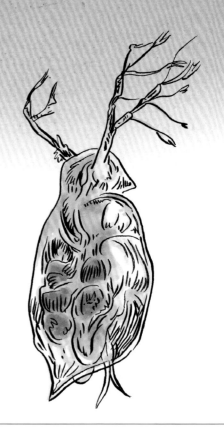

月桂女神達芙妮的傳說既美麗又悲傷，
但直到動物學家的出現，
她的故事才顯現一種獨特的幽默意味。

達芙妮
La daphnie
長著樹枝的美人

　　奧維德的《變形記》描述了奧林帕斯山上諸神日常生活的點滴，祂們的爭吵或伎倆往往會影響人類的生活，甚至使人類遭遇不幸。正是在阿波羅與邱比特的一次爭吵後，邱比特射出了兩枝箭，第一枝箭射中了阿波羅，他因此而深深愛上了女神達芙妮。但是直到那一刻，女神對愛情遊戲沒有表現出任何興趣，她更喜歡「身著野獸的皮毛」在森林裡奔跑。她被邱比特的第二枝箭射中，卻對阿波羅生出一種極端的厭惡之情，但是阿波羅一直不曾放棄對她示愛❶。達芙妮非常痛苦，她竭盡全力地拒絕他，並且逃離。她一直逃

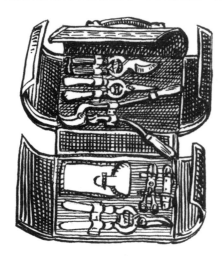

達芙妮的趾甲修剪工具箱。

到了皮尼奧斯河邊，那正是她父親河神的居所。她乞求父親變幻她的容貌，於是她立刻就變成了月桂樹。奧維德極其細緻地描述了這一幕，就像是奇幻電影的鏡頭那般真實：「她的祈求剛剛結束，四肢就開始麻木，輕盈的樹皮包裹住她柔軟的胸部，她的頭髮變成了樹葉，手臂變成了枝椏，那雙曾迅疾飛奔的腳變成了樹根並牢牢地扎入泥土，樹冠包裹住她的頭，唯一保存下來的就是她優雅的姿態。」通常，畫家與雕塑家都完美地表現出這一事件發生時的場景。故事的其他版本則表現出一些不同之處，說阿波羅一直在追趕達芙妮，使她最後不得已才變成了月桂樹，她的名字本來就是希臘語中一種植物的名字。

　　奇怪的是，達芙妮這個名字後來變成了一

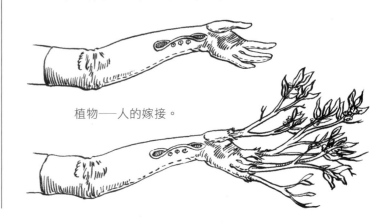

植物——人的嫁接。

❶ 希臘神話中，愛神邱比特為了報復阿波羅，將一枝使人陷入愛情漩渦的金箭射向阿波羅，又將一枝使人拒絕愛情的鉛箭射向達芙妮。

種金魚愛好者熟悉的甲殼蟲的名字，即紅蟲（又叫金魚蟲、水蚤），牠與女神之間幾乎完全沒有相似處。雖然很多博物學家覺得顯微鏡底下的紅蟲很可愛，但是，人們並不是因為牠的外貌才給了牠這樣一個名字。紅蟲在幼蟲時期的變態也不是原因，因為與大部分甲殼類動物不同，牠的變態發生在卵內，所以非常隱祕。剛剛出生的紅蟲被認為處於「青少年時期」，相當於一個年輕的成人，牠不會再發生任何變形。其實，1785年博物學家奧托·弗瑞德里希·穆勒當時描述、命名這種蟲子時，只是想影射女神達芙妮變身後的樣子，因為紅蟲頭頂上長著分岔的觸角，就像是樹枝。牠與女神的相似之處也僅有這一點，因為紅

蟲利用這些觸角來游泳。穆勒給牠取的這個名字只不過是一個新的名字，由於動物學的一些原因才變得必要——之前的名字，即樹枝狀跳蚤，毫無理由地把牠叫成了昆蟲❷。

這種把動物學和神話聯繫在一起的意願並不新鮮。18世紀～19世紀的其他博物學家也表現出同樣的幽默感，他們把古代女神或女戰士的名字賦予一系列醜陋的海生蠕蟲，例如埃及女神奈芙蒂斯、希臘神話中的阿芙蘿黛蒂或亞馬遜女戰士阿莫忒❸。

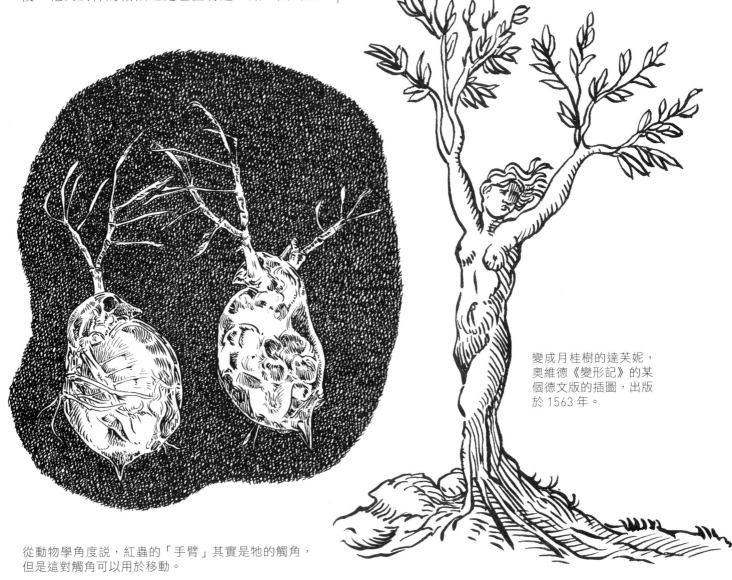

變成月桂樹的達芙妮，奧維德《變形記》的某個德文版的插圖，出版於 1563 年。

從動物學角度說，紅蟲的「手臂」其實是牠的觸角，但是這對觸角可以用於移動。

❷ 紅蟲屬節肢動物門甲殼綱，而非昆蟲綱。
❸ 這三位女神名字的法語原文分別為Nephtys、Aphrodite、Harmothoe，這三個詞也是三種海蟲的名字。

MÉTAMORPHOSE DE DAPHNÉ

月桂女——達芙妮的變形

達芙妮的變形屬於極少見的動物——植物變形。她的皮膚被樹皮包裹，她的手指變成長長的分岔狀樹枝，腳心長出樹根，扎入泥土，頭頂上冒出了莖葉與花朵。

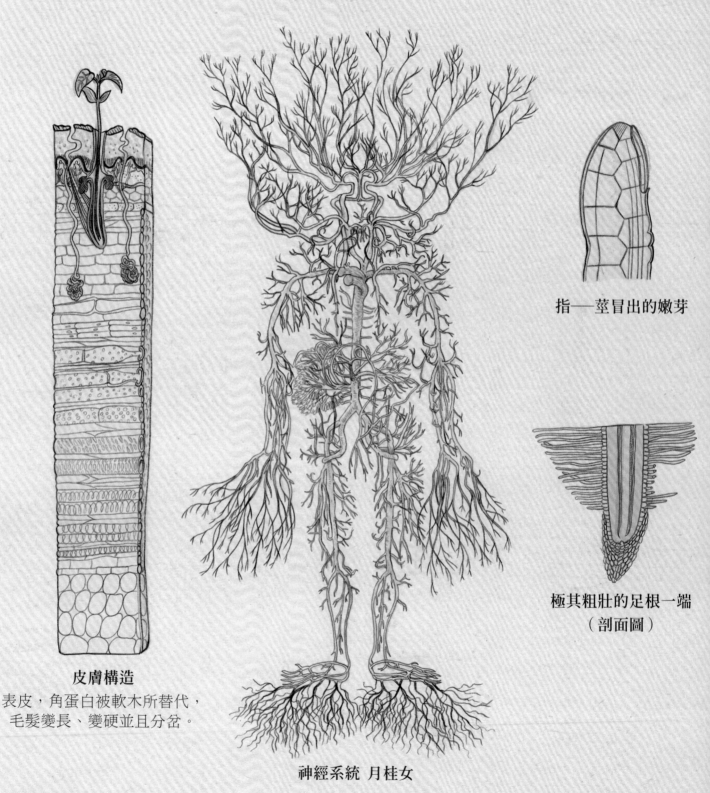

指——莖冒出的嫩芽

極其粗壯的足根一端
（剖面圖）

皮膚構造
表皮，角蛋白被軟木所替代，
毛髮變長、變硬並且分岔。

神經系統 月桂女

EMME-LAURIER

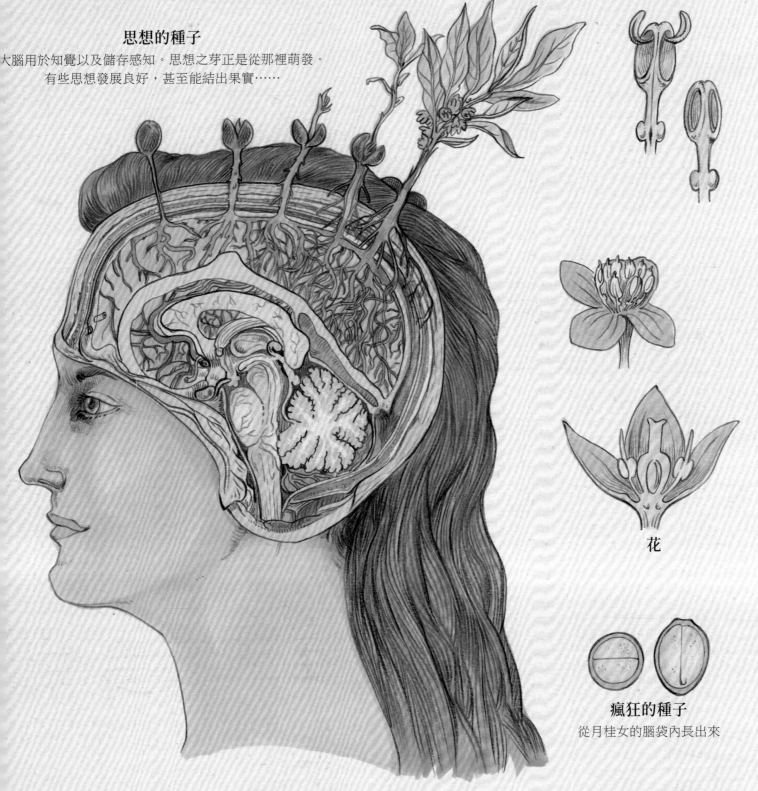

思想的種子
大腦用於知覺以及儲存感知。思想之芽正是從那裡萌發。
有些思想發展良好，甚至能結出果實……

花

瘋狂的種子
從月桂女的腦袋內長出來

月桂——女
側面圖
(Laura zoophyta)

超自然歷史插畫
卡米耶・讓維薩德繪
奇幻學家

Cabinet des merveilles ~ MIRABILAE ~ Établissements DEYROLLE ~ 46, rue du Bac ~ PARIS 7ᵉ

蜘蛛 L'araignée

織布女的噩夢

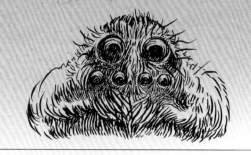

阿拉克妮是一個年輕的利底亞女孩，織布技術非常厲害。她的名氣太大，以至於惹惱了彌涅爾瓦。彌涅爾瓦在古希臘神話中又喚作帕拉斯·雅典娜，她不僅是智慧女神，也是戰神以及手工藝者的保護神。阿拉克妮將自己的才藝只歸功於自己，彌涅爾瓦無法忍受她的自命不凡。阿拉克妮雖然被警告，但是，她堅決不退讓，反而邀請彌涅爾瓦進行對決，比比看誰的手藝更靈巧。

彌涅爾瓦在一塊掛毯上繡上奧林帕斯的十二位神，中間是朱庇特，四個角上是四種變形的場景，暗示凡人膽敢和神一比高下會受到怎樣的懲罰：艾慕思和羅多彼變成了山，因為他們自稱朱庇特與茱諾；矮人國的王后變成了鶴；安提戈涅（拉俄墨冬王的女兒，並不是俄狄浦斯的女兒）變成了鸛。彌涅爾瓦其實是警告年輕的女孩，她的執迷與自大會導致怎樣的後果。

而阿拉克妮那一邊，也表現了一些變形的場景，即神的變身：他們利用這種伎倆接近無知的女人，引誘她們或強暴她們。奧維德通過幾行詩再現了二十多個傳奇故事，其中涉及朱庇特、阿波羅以及巴克斯❶，他們許多次變成牛、馬、天鵝或海豚。兩個對手實際上分別表現了兩種截然不同的變形：懲罰與喬裝。但是受害的總是人類，而神總是通過變形去欺騙人類。

阿拉克妮的手藝更勝一籌，彌涅爾瓦怒不可遏，毀掉了她的作品。受到羞辱的阿拉克妮忍無可忍，試圖用織線勒死自己。彌涅爾瓦心情平復下來，解救了阿拉克妮，但又懲罰她和她的後代像蜘蛛一樣永遠懸在空中。變形導致了兩個矛盾的後果，女神解救了阿拉克妮，但是又把她變成了蜘蛛，這種命運應該沒有人會嚮往。奧維德非常細緻地描寫了這一變形，從中可以感受到那種恐怖的氣氛：「她的頭髮掉落，鼻子和耳朵也是。她的頭變得很小，整個身體也縮小了。細長的手指變成了腿，從身體兩側伸出來，其餘部分就是肚子，正是蜘蛛吐絲的地方，因此，她依舊可以像從前那樣織布。」

就像達芙妮變成樹，阿拉克妮變成蜘蛛的場景也總是以各種形式表現出來，但是畫家和雕刻家通常喜歡把她的手指描摹得很長，像是蜘蛛的腳，同時又保留原有的女性身體的形象。只有古斯塔夫·多雷❷挑戰了真正的難題，他把四足脊椎動物變成了八腳蜘蛛。在他為但丁的《神曲》所作的插畫中，他十分忠實地再現了詩人的描寫。蜘蛛落在地上，面朝天，雙腿已經消失，從身體的兩側長出了六隻巨大的蜘蛛腳。我們想像接下去就會看見她舒展開的雙臂慢慢變得堅硬，長出茸毛，成為最後的兩隻腳。對於大部分讀者而言，這一場景實在可以拍成最可怕的恐怖電影。

實際上，蜘蛛屬於極少數會讓人萌生恐懼的動物，就像蛇和老鼠一樣。在集市上，為了滿足觀眾的獵奇心理，會有人專門將「蜘蛛女」絲比朵拉（Spidora）展示給大家看。通過巧妙的鏡子法術，一個女人的腦袋看起來彷彿長在一種蜘蛛般可怕的動物身上。而我們熟知的蜘蛛人的變形只限於吐絲，他的外貌並沒有任何變化，他沒有變成蟲子，也不需要織網。絲比朵拉也許與阿拉克妮更為相似，因此從織布女的名字「阿拉克妮」（Arachné）衍生出了「蛛形綱」（Arachnides）一詞，用於統稱蜘蛛與蠍子這類生物。

雖然蜘蛛的名聲不好，但有時還會有人為牠們說話，例如新教牧師皮埃爾·維萊特。在他出版於1545年的作品《論當下世界的混亂》中，作者再次把女人與蜘蛛進行比較：「如果我們考慮一下蜘蛛靈巧的手藝，想想看，有多少糟糕的家庭婦女，她們既不知道如何紡線、縫紉、織布，更不知道任何做家務的技巧，她們根本不能與蜘蛛相提並論，除了她們滿滿的惡毒。」蜘蛛重新被褒揚，但也是為了抨擊女性！

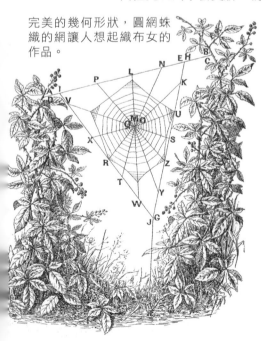

完美的幾何形狀，圓網蛛織的網讓人想起織布女的作品。

---

❶ Bacchus，即希臘神話中的戴歐尼修斯。
❷ Gustave Doré（1832-1883），法國版畫家、雕刻家和插圖作家。

蜘蛛──女解剖圖

變身為蜘蛛意味著身體器官數量的增加：四肢變成了八腳，臉
上出現了無數隻小眼睛。狼蛛──男會長出巨大的鬍子──螯。

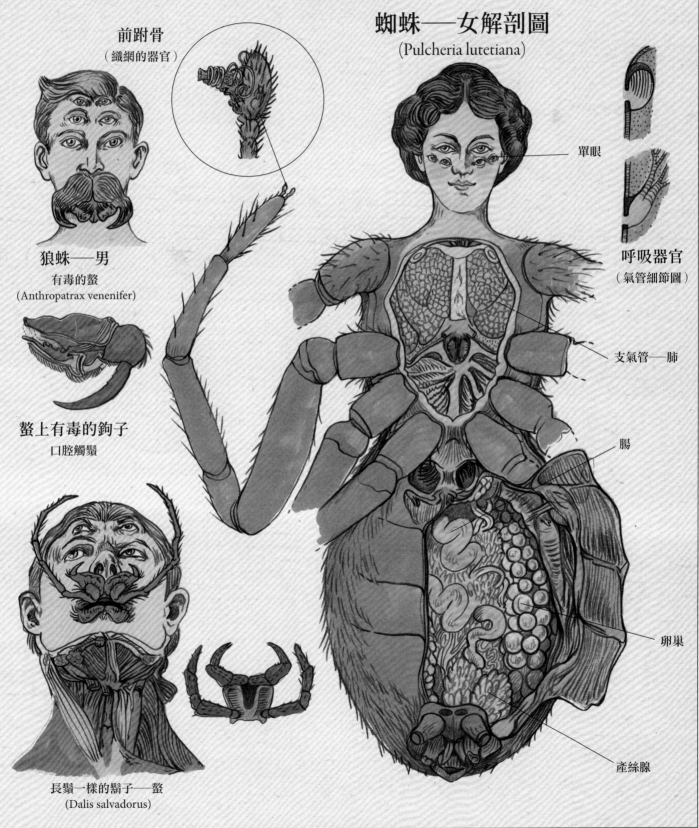

前跗骨
（織網的器官）

蜘蛛──女解剖圖
(Pulcheria lutetiana)

狼蛛──男
有毒的螯
(Anthropatrax venenifer)

螯上有毒的鉤子
口腔觸鬚

長鬚一樣的鬍子──螯
(Dalis salvadorus)

單眼

呼吸器官
（氣管細節圖）

支氣管──肺

腸

卵巢

產絲腺

Musée scolaire ~ MONSTRARIUM ~ Établissements DEYROLLE, 46 rue du Bac, PARIS 7ᵉ

鹿以前被奉為凱爾特人的神或是基督的象徵，
但是因為怯懦，
牠的名字從英勇的動物名單中消失了。
牠們的變形通常讓人想到神人同形！

雄鹿 Le cerf
膽小的英雄

在一次狩獵中，阿克泰翁被狄安娜女神變成了鹿，因為他無意撞見她在沐浴。奧維德詳盡地描寫了他從人變為鹿的整個過程：耳朵漸漸變尖，脖子漸漸變長，四肢漸漸變得細長。阿克泰翁再也不能說話了，也就不能把自己看到的東西告訴別人。「淚水順著雙頰流下來，但是這張臉再也不是曾經的樣子。唉！唯一保留下來與人相關的東西便是理智。」理智，但不是脾性，因為他變得和鹿一樣膽小。可憐的阿克泰翁逃走了，最後被他自己的獵犬咬死。

阿克泰翁的錯誤並不是有心的，但是正如奧維德所言，他實際上是「被命運所裹挾」。

18世紀時有一本著作《道德家奧維德》，作者是無名氏，他從上面的那一幕中看出耶穌變成「鹿」的原型故事，即一個人承受全人類的不幸，遭受奴役。阿克泰翁被自己的獵犬殺死，正如耶穌被自己的人民殺死，鹿角甚至被比作耶穌頭上的荊棘冠。這種神話的視角並不新穎，因為從古時開始，鹿就被視作上帝的信使，正如耶穌一樣。鹿角脫落然後再次長出，象徵著新生。

同一時代，讀者們還可以讀到另一個變身為鹿的故事，這就是梅林的故事。事實上，巫師梅林可以變成孩子、老人、野人或鹿。鹿是一個非常崇高的形象，正如我們在小說《圓桌騎士蘭斯洛特》中讀到的：「他開始施法術，變成了非常神奇的樣子。原來，他變成了一隻鹿，從未有人見過如此高大、如此漂亮的鹿；牠前面的一隻腳是白色的，而且長著五隻角，從未有人在一隻鹿

同一般動物的角不同，鹿角每年冬天會脫落，然後在春天重新長出來。

的頭上看見過如此威嚴的角。」

中世紀末，變形不再令人嚮往。它們被認為是魔鬼的傑作，因為人變成動物這一行為違背了創世紀故事，本來應該是神按照自己的樣子創造了人。神學家亨利·博古特認為，別名「朗格盧瓦」（l'Anglois）的梅林是「魔鬼與凡間女子結合所生」。然而之後他又隱晦地說，這事不太可能，因為生怕自己被人視作異端，使鹿失去了牠

的崇高感。16世紀時，薩瓦的議員查爾斯·伊曼紐·德·維勒出版了一部非常嚴肅的法律著作，在這部著作裡，他提到了阿克泰翁：如果說女神選擇把他變成鹿的樣子來平息自己的怒氣，是因為，鹿是速度的象徵，阿克泰翁的命運教育大家「一定要逃跑，要避免遇見、接近女人，正如聖人的教導一樣」。

科爾努諾斯（Cer-nunnos），長著鹿角的凱爾特神（剛德斯特爾普大鍋，西元前2世紀）。

第二隻角長出來後，小鹿會豎起自己的兩隻角，每隻角還會分岔出兩隻側角。

某些寄生蟲的存在得以讓動物學
可以與童話故事、宗教信仰
以及電影一爭高下，
它們為各種殭屍傳說提供了
一種生物學的佐證。

老鼠與黑猩猩
La souris et le chimpanzé
「奪魂」寄生蟲

美洲熱帶地區的樹螞蟻❶有時會被一種線形寄生蟲寄生。這一過程通過一種真正的變形表現出來：螞蟻的腹部一般是黑色的，且很長，被寄生後卻會變成一個臃腫的紅色球體，像一顆奇怪的果實。尤其是，此時螞蟻行進的速度非常慢，腹部還向上翹起，這情景著實奇特。鳥兒們也被欺騙了，平時牠們對這種螞蟻避之唯恐不及，現在卻將其吃進肚子。螞蟻在這一過程中得不到任何好處，但是寄生蟲卻可以繼續在鳥的器官裡不斷繁殖，牠們的後代還會隨著鳥的糞便排放出來，然後再去侵入其他的螞蟻。螞蟻的這種自殺行為很好地解釋了這種線形寄生蟲的別名「奪

魂」寄生蟲。蟲子引發的變形讓人想起巫毒教巫師製造的「活死人」，被麻醉的「活死人」為巫師的意志所控制（那時法語中的revenant一詞還沒有變成美劇中嗜血的「殭屍」）。

寄生蟲的生命週期通常很複雜，因為牠們在不同的環境中先後有好幾個寄主。寄生蟲引發的失魂現象實際上是為了簡化自己從一個生命階段向另一個生命階段的轉變，以犧牲寄主的生命為代價。動物學家描述過許多這樣的情況，其中有一種情況與我們人類息息相關。那就是弓漿蟲，一種會引發弓漿蟲病的單細胞生物。這種病對於成人而言並不是嚴重的疾病，但是如果孕婦感染

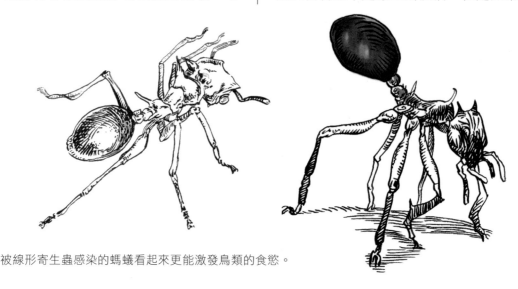

被線形寄生蟲感染的螞蟻看起來更能激發鳥類的食慾。

❶ 又稱龜蟻。

黑猩猩是豹最喜歡的獵物。

人類與倭黑猩猩有最近的親緣關係。

這種病，可能會導致嚴重的胚胎畸形。

在弓漿蟲的生命週期裡，牠首先會在貓科動物（例如貓）的腸子裡繁殖，形成一個個囊孢子，這是一些非常堅硬的「卵」，然後隨動物的糞便排出體外。這些囊孢子會被其他動物（哺乳動物或鳥類）吃掉。在這個新的寄主體內，囊孢子會發生變化，損害寄主的免疫系統和神經網路。為了重新開始自己的生命，寄生蟲會再一次侵入貓科動物的腸子。

正是通過這樣一個過程，弓漿蟲展現了自己「奪魂」的本領：讓自己被吃掉。生物學家已經可以在被弓漿蟲感染的小白鼠身上證實這一事實。正常情況下，小白鼠這種齧齒動物非常懼怕貓尿的味道，但是被感染的小白鼠反而會被吸引過去。牠們大腦裡的弓漿蟲促使牠們採取這樣一種自殺性的行為！當貓吃了被感染的鼠後，弓漿蟲又可以開始自己新的生命了。

但是人類與這種貓——鼠之間的聯繫有何關係呢？難道人類也會被其他生物「奪魂」而變身殭屍嗎？2016年，生物學家在豹（相當於貓的角色）和黑猩猩（相當於老鼠的角色）身上觀察到了類似的現象。感染了弓漿蟲的黑猩猩會被豹的尿所吸引，但是豹實際上是黑猩猩最大的敵人。對於人類而言，我們知道寄生蟲會引發神經系統的很多病變：反應時間變長，注意力下降，以至於有人甚至懷疑弓漿蟲病對車禍的影響。正如實驗中的黑猩猩，在人類史前祖先生活的時代，這種病也許是導致人類面對大型貓科動物時走向滅亡的輔助性因素。

變成寄生蟲的傀儡是一種程度非常淺的變形，後果卻很嚴重。這就讓我們想到另一個問題：弓漿蟲是不是養貓人對自己的貓言聽計從的罪魁禍首呢？這種失魂症雖然不嚴重卻極其普遍呢。

厲害的貓總能遇到厲害的老鼠
（格蘭德維爾 ❷，1845 年）。

❷ Grandville或Jean-Jacques Grandville（1803-1847），法國著名諷刺漫畫家和插畫家。

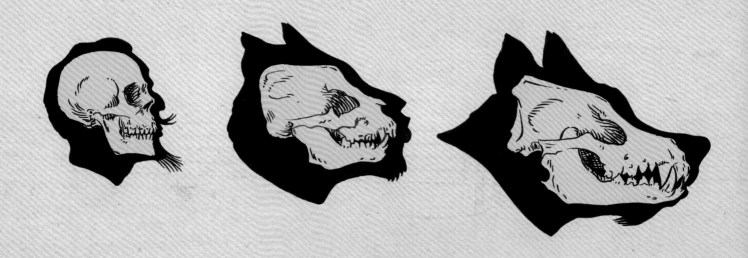

CHAPITRE 3

暫時的變形
MÉTAMORPHOSES TEMPORAIRES

某些變形是可逆的，
要麼是因為兩種不同生物的特質同時出現在一個生物上，
要麼是因為厄運只是暫時的。
為了變回本來的樣子，就必須先變成其他的樣子。

這可以說是一個關於變形的經典形象，
在文學與電影中已經被固化。
以前有各種各樣的狼人，通常都很危險，
但有時又令人驚奇。

狼人
Le loup-garou
懲罰或奧義

以前，如果一戶人家連續生了七個男孩，那麼最小的那個就會被喚作「瑪律庫」（marcou），這個名字直到今天依然有人在使用。一般而言，瑪律庫身上帶有一個百合花圖案的印記，他還往往擁有一些特殊的能力，例如可以治癒頸部結核性淋巴炎（長在脖子上的結核性淋巴炎）。無論是他的名字還是他神奇的能力，都讓人想起聖瑪律庫勒（也許是瑪律庫夫），因為這位聖徒具有同樣的稟賦。有些學者認為「瑪律庫」音同 mal de cou[1]，但是另一些學者認為這個名字源自日爾曼語Mark-Wulf，意思是「邊界的狼」。

這一與狼的聯繫大致可以解釋其他一些與第七個兒子相關的信仰。在加利西亞，如果第七個孩子不選擇前面某個哥哥作為教父，他就很可能變成狼人。南美洲也有同樣的信仰，傳說第七個孩子會在月圓之夜變身為西班牙語的「狼人」。在阿根廷或是巴拉圭，第七個兒子往往會因此被拋棄或殺害，這是俄羅斯移民帶到那裡的風俗傳統。但是自19世紀以來，社會習俗希望總統作為這些孩子的教父，這樣就可以保護他們免遭不幸。1973年，當時的阿根廷總統胡安·斐隆通過一項法令將這一庇護行為合法化；2014年，這一保護政策再一次被通過。

地區不同，狼變人（這一變形是可逆的）的緣由也不同。奧維德講述了阿卡迪亞王萊卡翁的故事，他給朱庇特吃人肉，使朱庇特十分生氣。萊卡翁罪有應得，所以才會變形：「他的衣服變成了皮毛，他的雙臂變成了爪子。雖然變成了狼，但是他仍然保留著人的一些特徵。他的毛是灰色的，就像以前的頭髮，他的臉依然像以前那樣顯出暴戾之氣，他的眼睛裡依然閃爍著同樣的怒氣。全身上下都流露出曾經的殘酷……他易怒、嗜殺，總是怒沖沖地撲向動物，將牠們撕碎，欣喜若狂地舔舐牠們流出的血。」

萊卡翁的變形無法再逆轉，因此，準確而言

兩個「森林人」或說「加那利群島的野人」，阿爾德羅萬迪[2]繪於1642年。佩德羅·岡薩雷斯[3]和他的兒子並不是狼人，但是他們患有嚴重的先天性遺傳多毛症。

---

[1] 意思是「脖子痛」。這個短語的發音與單詞Marcou的發音相似。

[2] Ulisse Aldrovandi（1522-1605），義大利科學家。

[3] Pedro Gonsalez（1537-1618），又寫作Pedro Gonzales或Petrus Gonsalvus，西班牙人，史上第一個被確診得了先天性遺傳多毛症的人。

獵犬飛奔時，根本分不清是狼還是狗。

不能把他看作狼人，雖然他可能是最早受到這一詛咒的人。其實，2世紀希臘地理學家保薩尼亞斯提到，「阿卡迪亞人都說，萊卡翁之後，在祭祀朱庇特時，有人也被變成了狼，但這些人不會一輩子都是狼。變成狼以後，如果他們不吃人肉，十年後就會恢復人形；如果一直吃人肉，那就只能一直是狼的模樣」。是否會遭遇這一厄運純屬偶然。所以這與懲罰無關，而是為了培養捕獵者的品質，這對其而言很有用，獵人最後都會恢復人形。普林尼把它看作一個簡單的寓言故事，但是其他人則認為這一神話描述了某種薩滿教的儀式。

在創作於大約1280年的《比斯克拉弗雷的故事》這部敘事詩中，作家、詩人瑪麗·德·法蘭西講述了一個非常不一樣的狼人故事。比斯克拉弗雷是一個布列塔尼的狼人，作者確定，比斯克拉弗雷（bisclavret）這個詞相當於諾曼第語中的garwal（或garulf）❹。這位布列塔尼的領主每個星期都會消失三天，他的妻子強烈要求瞭解其中的緣由，他回答道：「夫人，我變成了狼人。我去了那片廣闊的森林，直到林子最深處，在那裡我以捕食獵物為生。」結果她背叛了他，把他的人形衣服藏了起來，阻止其恢復人形。在一次狩獵過程中，他被國王抓獲，他對所有人都極其

友善，除了後來與他妻子結婚的那位騎士。是什麼原因迫使他必須變形，我們並不清楚，但是在故事裡，真正的壞人是他的妻子及其新丈夫，最後這兩個人都受到了懲罰。19世紀末，保羅·塞比洛收集了大量的民間故事和宗教故事，這些故事也許可以為我們解開不幸的領主遭遇厄運的謎團：「在下布列塔尼地區，以前大家都相信，變成狼以後，人的壽命可以延長10年，不需要懺悔也不需要禱告。」諾曼第的神父會威脅罪行的目擊者，如果他們不揭發罪犯，他們就會變成狼人。這一切都可以解釋為什麼以前在鄉下狼人是如此常見！朱爾·米榭勒❺曾經如此評價亨利·博古特法官在16世紀時，驅趕巫師和狼人的行為：「他有仁慈之心，先把他們（巫師）絞死，然後再扔進火裡，但是對待狼人就不同了，他一定會萬分小心地用火把他們活活燒死……從來沒有見過這樣盡心盡職的殺戮者。」

由狼腦袋構想出的狼人容貌（夏爾·勒·布朗，繪於約1670年）。

❹ 這三個詞都是「狼人」的意思。
❺ Jules Michelet（1798-1874），法國歷史學家。

MÉTAMORPHOSE DU LO

狼人的變形

在變身的前幾天，狼人對光表現出極大的敏感。狼人的變形發生在月圓之夜。人慢慢變成狼的樣子。他的皮膚會覆上厚厚的毛髮，骨骼和肌肉也會發生極大的變化。

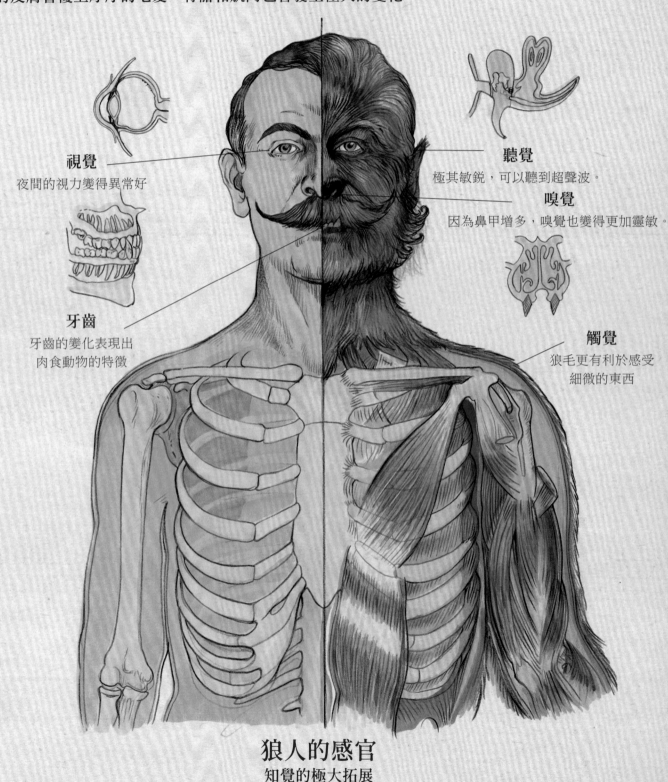

視覺
夜間的視力變得異常好

聽覺
極其敏銳，可以聽到超聲波。

嗅覺
因為鼻甲增多，嗅覺也變得更加靈敏。

牙齒
牙齒的變化表現出
肉食動物的特徵

觸覺
狼毛更有利於感受
細微的東西

狼人的感官
知覺的極大拓展

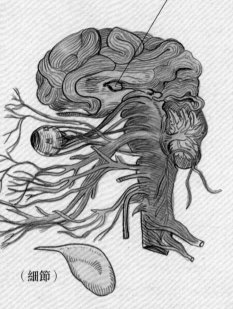

（剖面圖）松果體分泌腺

（細節）

第六感

變形是在松果體分泌腺的刺激下開始的，
每個月，月亮逐漸變圓時，
松果體就會慢慢變大。

狼人的目光

變形結束後，狼人與真正的狼區別很小，
但是他的眼睛保持著人類的樣子，所以我們可以通過
直視他的眼睛來辨認他原來是誰。

眼球與肌肉：

眼眶正面圖

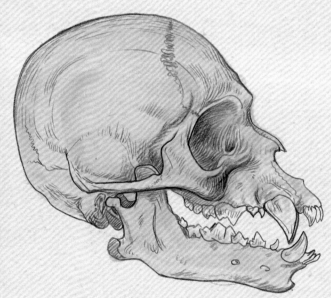

變形中的頭顱與牙齒

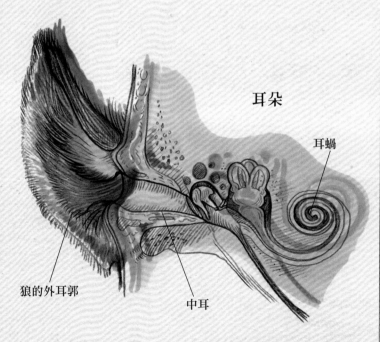

耳朵

耳蝸

狼的外耳郭

中耳

超自然歷史插畫

卡米耶・讓維薩德繪
奇幻學家

喬裝是否算是變形呢？
世界各地的神話故事和民間故事都告訴我們：
穿上另一種動物的皮毛是很容易的事！

白熊的皮
La peau de l'ours blanc

皮毛與羽毛

因紐特人把白熊看作「人一樣的動物」，因為白熊和人類一樣吃海豹，雙腿可以直立，牠強壯、敏捷、好奇、耐心又聰明。他們都說，與人類相比，白熊各方面甚至更加厲害。獵人捕殺熊時，會先給牠禮物，例如一根魚叉、一塊肉或鞋子，以消除牠的怨恨。在因紐特人的傳說中，熊變人是一個非常簡單的過程：牠只需要在回到家後脫下自己的皮毛大衣。獵人們恪守的一些規矩中，有一項就是，剛剛殺死熊的獵人在進家門之前必須脫掉自己的大衣，這與傳說中眾所周知熊的行為一模一樣！

只是簡單地改變一下外皮就能變形，這種能力在北極流傳的許多故事中都有提及。西伯利亞的科里亞克人盛傳這樣的故事：世界之初，動物脫下自己的外皮就能變成人，相反地，人穿上動物的皮毛就能變形。事實上，每一種事物在其外表下都隱藏著人的樣子。戴上一頂白點圓帽，就會變成毒蠅傘。男人穿上女人的衣服就會變成女人，女人穿上男人的衣服就會變成男人。這裡的變形實際上並不是真正的變化，而是通過穿上外衣暫時借用另一種身分。人與獸兩種屬性其實是並存的，而且人的屬性一直都存在，因為脫去外衣就能發現一切。

因此，要阻止這樣的變形發生其實非常簡單，只需要把皮毛藏起來或毀掉就可以了！民間故事中經常出現這樣的情節，年輕的女孩為了幫助自己的父親擺脫不幸的命運，不得已下與狼、野豬、青蛙成婚。在弗朗斯瓦-瑪麗·路澤創作的《下布列塔尼地區的民間故事》一書中有一個題為〈灰狼〉的故事，新婚的妻子發現自己被迫與之成婚的狼實際上是一個年輕、英俊的王子，只是披著狼皮而已。一天，她的丈夫要出門，「叮囑她細心照看好他的皮毛，不要沾水，也不要靠近火：因為如果做不到，她就永遠不能再見他，除非踏破三雙鐵鞋去找他」。不幸的是，新婚妻

挪威人認為，獵熊是一項危險的活動。

子的一個姐姐把狼皮扔進了火裡，她不得不歷經
重重險阻，最後才找到了自己的丈夫。

　　雖然變形後的動物各種各樣，但這樣的變
形故事在世界各地廣為流傳，例如在法國布列塔
尼、德國流傳的天鵝女的故事，或是著名的俄羅
斯民間故事《聰明的瓦西莉莎》。在布里亞特的
一個民間故事中，一個年輕的獵人看到貝加爾湖
上有九隻天鵝，牠們在岸邊脫下羽衣，變成了九
個美麗的少女。他把其中的一件羽衣藏了起來，
無法飛走的少女只能與他成婚。他們生了九個孩
子，這九個孩子便是布里亞特九個民族的祖先，
最後妻子找到了自己的羽衣，從蒙古包的煙囪裡
飛走了，離開前牠承諾將永遠保護自己的孩子。
因為天鵝母親的承諾，每年都會有許多白色的天
鵝回到貝加爾湖。

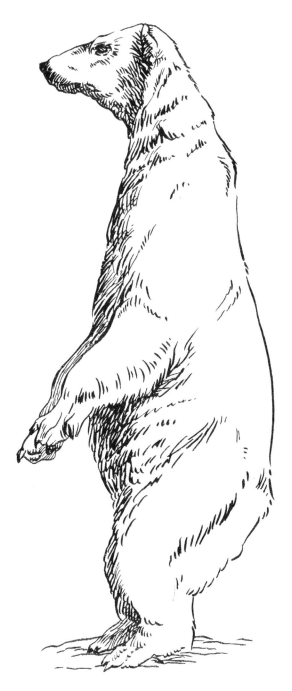

從某個距離遙看大熊，牠的身
影與一個高大的人十分相似。

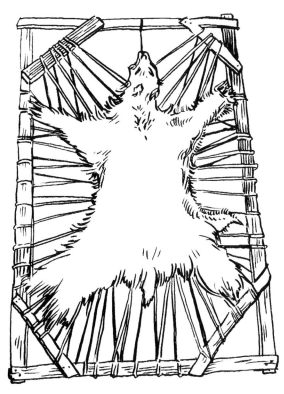

熊皮一旦被曬乾就有其他的用處。

從雪屋裡出來後，走沒
幾步，人就變成了熊。

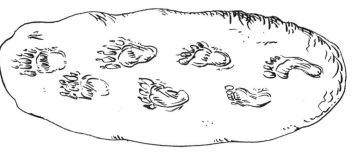

幾百年以來，勒達與天鵝的愛情故事
出現在許多畫家與雕塑家的作品中。
但是究竟是什麼緣故，
宙斯會選擇變成天鵝去引誘年輕美麗的公主呢？

天鵝
Le cygne

天鵝之愛

勒達與天鵝（西元 1 世紀時期羅馬的油燈燈盞）。

沒有人知道宙斯選擇變成天鵝，是因為牠的優雅還是因為牠的勇敢。

　　布豐[1]認為，天鵝好比國王，牠流露出「溫柔、莊嚴」的氣質，與鳥中的暴君──鷹截然相反。牠被賦予各種各樣美好的品質，博物學家認為牠「偉大、莊重、溫柔，充滿力量與勇氣，而且牠具有堅定的意志力，不會濫用自己的力量，只在危難時才會使用。此外，也不可忽視牠出眾的外表：身姿優雅，體形圓潤，形態高貴，羽毛潔白光亮，一舉一動都極其柔軟、細膩」。他接著又寫道：「所有的畫家都把牠畫成愛情之鳥，一切都證實了那個有趣的神話故事：這隻美麗的

鳥，正是後來人間最美的女子的父親。」這裡所說的美人便是海倫，特洛伊戰爭便是因她而起。

　　她的出生源於宙斯的一次變形。宙斯當時變成了一隻天鵝，被一隻鷹追趕。勒達公主正在河邊洗浴，天鵝最後躲在她的懷裡才逃過一劫，但是牠趁機引誘公主。有一個版本認為，鷹實際上是阿芙蘿黛蒂，她一直處心積慮想要報復勒達的

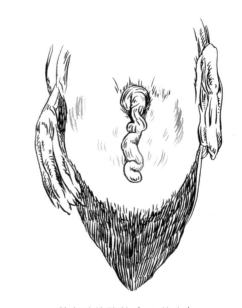

鵝與鴨的陰莖（11 釐米）。

---

❶ Comte de Buffon（Georges-Louis Leclerc），法國著名博物學家、作家。

《勒達與天鵝》，路易·科爾塔繪於 1875 年。

父親。不管怎樣，勒達最後產下了兩枚蛋，其中一枚蛋孵化出了克呂泰涅斯特拉和卡斯托耳，另一枚蛋則孵化出了海倫和波魯克斯。可以看出，勒達間接地受到了變形的宙斯的影響，因為她像鳥那樣產下了蛋。

宙斯變成的天鵝與勒達的愛情故事成了許許多多藝術作品的題材。古代的淺浮雕作品中，天鵝與勒達幾乎一樣高，而且經常是彼此纏繞在一起。有時天鵝用脖子貼著勒達，就像雄天鵝對待雌天鵝那樣；或像天鵝親了一下年輕的女孩，而女孩似乎也十分樂意。幾百年裡，米開朗基羅、委羅內塞、傑利柯、達利以及許多其他藝術家都曾借用這古老的神話故事進行創作。在畫家布雪的一幅畫作中，勒達欣喜若狂地迎接天鵝的到來。天鵝豎起自己的脖子，向她伸去。在他的另一幅畫作中，天鵝把自己的脖子伸向勒達的私密處，很明顯女孩主動將自己獻給了天鵝。義大利語中的uccello一詞，既指「鳥」又指「男性的性器官」。

有時許多人對宙斯的選擇表示不解，為什麼要變成天鵝來發洩情慾呢？要知道，鳥類並沒有男性的陰莖。其實，天鵝和鵝、鴨一樣，雄性的性器官存在於泄殖腔的乳突內。鳥類要實現繁殖，雄鳥的這一器官就必須伸入雌鳥的泄殖腔內，相當於陰道。鴨子的這一器官通常長5～9釐米，但是阿根廷鴨的這一器官長達45釐米，幾乎有牠大半個身體那麼長！而天鵝的這一器官要更短些。

如果說鴨子在交配時非常粗魯，天鵝則要溫和得多，這與宙斯平時的粗暴性格形成了鮮明對比。法國著名博物學家布豐是這麼寫的：「交配的天鵝給予對方最溫柔的愛撫，彷彿要在愉悅中細細品嘗不同的快感；牠們先將脖子纏繞在一起，預示著一切即將開始；牠們深深地擁抱對方，沉醉地呼吸；牠們彼此傳遞吞噬牠們的灼熱，直到最後雄天鵝充分得到了滿足；但是此時，雌天鵝依然被灼燒著，牠追趕雄天鵝，撩撥牠，再一次點燃牠的慾望，最後，雌天鵝只能悻悻地離開，跳入水中，平息餘下的慾火。」

阿爾德羅萬迪於 1642 年繪的鶴——人。直到文藝復興時期，歐洲各地都流傳著鳥——人的各種繪畫。

吸血鬼與蝙蝠，
他們之間的聯繫似乎源於他們都與黑夜相關。
但實際上，這是動物學家的臆想！

蝙蝠
La chauve-souris
吸血鬼動物學

對於人類而言，變成鳥看起來似乎是一件美事，變成蝙蝠似乎就很少會被接受。雖然蝙蝠一樣會飛，看似可以滿足人類由來已久的夢想，但是牠永遠都是在黑暗中飛，這就大大減少了飛行的妙處。蝙蝠的長相一般也不討人喜歡，牠喜歡吃昆蟲，喜歡倒掛著睡覺，這些習性都叫人很難喜歡上這種動物。

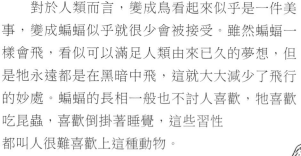

現代英雄人物中，蝙蝠俠是少數幾個沒有任何超能力的英雄之一，因為他去執行任務時，其實是經過了一番喬裝打扮。他並沒有變形，與真正的蝙蝠也沒有任何關係，除了他也喜歡在夜間行動。在我們的想像中，唯一與蝙蝠相似的生物是吸血鬼，即活死人，夜裡他從墓中出來去吸活人的血，大家都認為他可以變成蝙蝠。自從吸血鬼變成了一種神話，電影使人們習慣了這樣一種形象。

但是吸血鬼與蝙蝠之間的聯繫並不是表面上那麼確然。黑夜顯然是一個重要的因素，但是許多其他動物也喜歡在黑夜活動。某些語言學家認為，法語中的chauve-souris（蝙蝠）來源於kāwa這個詞，這是古時法蘭克人所講的語言，指「貓頭鷹」。我們頭

據說真正的吸血鬼喜歡拉丁美洲的夜間生活。

腦中又會浮現被詛咒的爵士模樣，他穿著黑色的斗篷，張開雙臂，就像鳥兒張開翅膀飛行。1931年，導演托德‧布朗寧在電影《德古拉》中就運用了這一形象，蝙蝠在女主人公的窗前飛來飛去，通知她危險正在逼近。但是，導演同時還運用了其他動物，例如負鼠以及犰狳。導演之所以做這樣的選擇，大概因為他是德克薩斯人，而且故事本身也不完全是以蝙蝠為中心。1917年，德國導演穆瑙的電影《諾斯費拉圖》為觀眾呈現了鬣狗、老鼠、蜘蛛，甚至還有水螅，牠被稱作淡水中的吸血鬼，「透明、無形，彷彿是幽靈……」這個「吸血鬼」細長的模樣可一點都不像蝙蝠！

這些電影全都改編自19世紀創作的小說，尤其是布拉姆‧斯托克創作於1897年的《德古拉》。這部小說告訴人們吸血鬼可以「讓低級動物聽命於牠，例如老鼠、貓頭鷹、蝙蝠、夜蛾、狐狸以及狼」。在吸血鬼的故事中，狼經常被

與動物世界的情形一樣，在胚胎時期，吸血鬼的某些遺傳性特徵最明顯。

提及，因為吸血鬼和狼人很相似，而那時狼人顯然名氣更大。但是，斯托克認為，不管怎樣，蝙蝠應該是最厲害的：「上帝，主人！您想讓我明白露西其實是被蝙蝠害死的？這樣的事竟然發生在這裡，發生在19世紀的倫敦？」

然而，如果稍稍再往前回溯一下，這種關聯根本就站不住腳。1872年喬瑟夫·勒芬紐在其作品《卡蜜拉》中寫到的，是一種猶如蝶蛹破繭般的

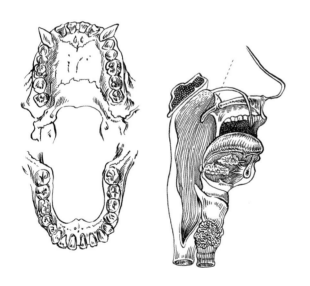

要確認吸血鬼是否成年，必須檢查其牙齒。通過對牙齒──口腔器官的檢查，可以看到連接中空犬牙與食道的血管。

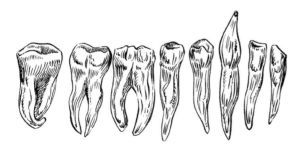

蛻變。女主人公卡蜜拉是一個年輕貌美的「女吸血鬼」，她將自己比喻為介於毛毛蟲和蝴蝶之間過渡態的蝶蛹。她變身時會選擇變成黑貓，所以她更接近於傳統意義上的女巫，變成貓以後，她咬傷了講故事的女作者。根本就沒有什麼蝙蝠！

直到18世紀末，吸血鬼才在西歐出現，但是當時他們被比作水蛭。因此，1693年5月的《文雅信使》報導了這樣一樁事，「波蘭，準確說應該是在俄國，出現了一種極其特別的生物。其實是一些屍體，拉丁語稱之為striges，當地人稱之為upierz」。在不同的故事中，所謂的upierz有不同的稱呼，如oupires、wapierz或vampires。莫雷里編寫的《歷史大辭典》（1759年）中有一個非常明確的定義：「VAMPYR，這個詞在斯拉夫語中的意思為水蛭，因此，在斯拉沃尼亞，也會用這個詞指稱那些疑似吸活人血的死人。」

這些活死人在中歐地區也一模一樣。如果他們又回到人間作祟，人們就會刨出他們的屍體，挖出心臟，或用火燒他們。本篤會教士奧古斯丁·卡爾梅特曾在1746年出版的《匈牙利、摩拉維亞等地區幽靈、吸血鬼以及鬼魂等現象概論》一書中詳細描寫過這些不吉祥的怪物。作家的本意是區分迷信臆造的鬼魂與教廷官方認定的死而復生。之所以這麼重要，是因為當時湧現了許許多多奇幻的怪誕故事，它們威脅到宗教故事的可信性（這些故事當然是真實的）。

卡爾梅特教士認為，吸血鬼與蝙蝠沒有任何相似處。只有一點，他認為兩者源於同一個生物，即半女人半鳥的雜交怪物，在古代，這種

動物以吸小孩的血臭名遠揚。但是那時候，吸血這一行為似乎很流行，因為龍也被認為會吸血，雖然牠們吸的是大象的血，這些犧牲品與龍更相稱。羅馬的龍嗜血，翅膀如蝙蝠，自然讓人聯想到德古拉以及蝙蝠，但是他們之間的關聯完全不符合時間順序。

1764年，伏爾泰在其著作《哲學辭典》中專門用一個詞條解釋了卡爾梅特教士筆下的吸血鬼，他對此嗤之以鼻：「投機者、生意人、商人曾在光天化日之下吸百姓的血，但是他們可不是什麼死人，雖然他們的內在的確早已腐爛。這些真正的吸血鬼並不住在墓地裡，而是住在極其舒適的宮殿裡……真正的吸血鬼是侵吞國家和人民財產的僧人。」

蝙蝠被拿來與古時的鳥進行比較並不是偶然的。蝙蝠的屬性使其看上去像是雜交動物，這讓一些博物學家十分迷惑。貝爾納丹·德·聖皮埃爾在其著作《自然之和諧》中，時而把蝙蝠歸為鳥類，時而又歸為四足哺乳動物，牠的種屬關係一直都不確定。會給幼崽餵奶的鳥、會飛的樹鼩或狐狸、夜行動物，這些模稜兩可的屬性導致牠被人厭棄，也大致解釋了為何大家都喜歡把蝙蝠釘在穀倉的門上。

博物學家布豐非常完整地總結了蝙蝠在他生活的時代具有的壞名聲。雖然，他一開始還委婉地說「萬物本來生而完美，因為他們都出自上帝之手」，之後他還是細數蝙蝠的種種惡處，「這是一

被布豐稱作吸血鬼的吸血蝙蝠。

種怪物，牠具有兩種動物的不同特徵，牠與大自然原本各個種屬中的動物都不同，牠只是一個不完美的四足哺乳動物，以及一隻更不完美的鳥」。

在此之前不久，布豐剛剛讀過博物學家撰寫的南美洲動物簡介，其中有一種蝙蝠比歐洲的蝙蝠還要可怕，「我們應該會稱牠為吸血鬼，因為牠會吸正在睡覺的人與動物的血，但是又不會造成特別大的疼痛，是為了防止驚醒他們」。因此，布豐把特外西凡尼亞的活死人同南美洲的翼手目動物聯繫在一起，並不是文學從動物學中獲得了靈感，而是動物學記錄下了一種幾百年來一直為大家所信服的「真實」的神祕動物。

變形時，鼻子和耳朵的軟骨變得特別大。

MÉTAMORPHOSE EN CHAUVE-SOURIS N° 93

變形為蝙蝠

吸血鬼可以隨心所欲變成蝙蝠。他們的手指慢慢變長，指間慢慢長出膜，然後沿著雙臂慢慢舒展開。耳朵和鼻子都變大，而臉和胸部則長出細細的毛。

人耳

諾斯費
拉圖式耳朵

微縮版
德古拉式耳朵

基度山
吸血鬼式耳朵

吸血鬼不同樣子的耳朵

嗅覺神經猛增

鼻甲

鼻腔剖面圖

變形時伴隨嗅覺神經的急劇增長，
吸血鬼可以區分不同血型的人。

A.變形結束

一旦變形結束，人的每個地方
看起來都像一隻蝙蝠。

B.恢復人形

逆向變形需要十幾分鐘，
最後吸血鬼會恢復人形。

翼

第一階段：
手指變長。

第二階段：
指間長出翼膜。

第三階段：
翼膜覆蓋整個身體，
形成了翅膀。

8分鐘

5分鐘

2分鐘

翅膀消失了

蝙蝠的骨骼圖

變形的階段
──恢復人形──

超自然歷史插畫

卡米耶・讓維薩德繪
奇幻學家

蛇女美瑠姬奴是一個讓人害怕的人物，
尤其讓男人害怕。
但是她也是一個悲劇故事的女主角——
一個關於背叛的故事，當然是被男人背叛。

蛇
Le serpent

半人，半蛇

中世紀時期，所有人都熟知蛇女美瑠姬奴的故事。法國作家讓·阿拉斯講述的版本如下：大約在1393年，弗雷子爵的兒子雷蒙丹領主在半路上遇見了一位容貌傾城、衣著華麗的女士，領主隨即愛上了她。而她答應嫁給他，只要他能保證，每個禮拜六都不見她。他們的婚姻看起來似乎很美滿，因為他們生了許多漂亮的孩子，而且榮華富貴用之不盡。美瑠姬奴在城市與城堡建設方面發揮了重要的作用，她的好幾個孩子都成了國王。

但是有一天，雷蒙丹因為嫉妒，在禮拜六的時候偷偷窺視她，那時她正在洗澡：「她的上半身，直到腰部，是女人的樣子，她正在梳理頭髮；但是從腰部往下，是蛇尾的樣子，很粗，像裝鯡魚的木桶；很長，她用尾巴用力拍打水，以至於房間的天花板都被弄濕了。」因為祕密洩露了，美瑠姬奴不得不永遠變成「一條五米長的大蛇」，並且逃離了城堡。這個故事廣為流傳，最後還被印刻成更加具有文學性的書，傳播到歐洲各地。之所以如此流行，大概是因為這個故事本

蛇女別名「蛇緹娜」[1]，她的大部分身體都沒有骨頭。20 世紀初她在美國被展出。

[1] Serpentina，也是一種植物名，即「蛇根木」，這個詞的前半部分serpent就是法語中的「蛇」。

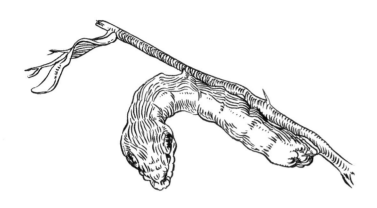

蛇蟲的「眼睛」其實是眼狀斑，即普通的斑點，暴露出來時可以驚嚇好奇的鳥類。

美瑠姬經常以龍女的樣子呈現於世人面前，而龍其實是其進化完畢的大蛇。

身有一些引人入勝之處：因為前世的詛咒而降臨於世的蛇女，禁令被打破可以看作一種背叛的象徵，失去了財富與幸福。這個故事有許多不同的解釋，歷史、宗教、文學以及後來精神分析學都對其進行過解釋。

那時，美瑠姬奴被比作一個女神。大家都十分相信，這些非同尋常的女性是因為遭受了某種法術的控制，不得不間歇性地變形。但是很快地，大家越來越相信蛇女的魔鬼本性。在好幾個版本中，蛇女都被描述成一個魔鬼，她化作女人的樣子來引誘男人。在中世紀時期的西方世界，蛇被看作魔鬼的工具，美瑠姬奴是一條「假冒的蛇」，不過是魔鬼的化身。

這種憎惡感源於一種普遍的情感：大部分人以及很多動物都害怕、討厭蛇，因為牠們來無影去無蹤、敏捷靈活又十分危險，這也是為什麼偽裝成蛇總能非常有效地抵禦天敵！1862年，一位英國博物學家亨利·華特描寫過一種他在亞馬遜森林裡見到的蟲子。這種蟲子身子的前半部分鼓鼓的，兩個眼狀斑（環繞著白色帶狀花紋的黑色圓點）異常明顯，和眼睛很像，整體看起來非常像蛇的腦袋，讓人吃驚，尤其是這種蟲子會像蛇那樣扭動。這種相似性對鳥類有一種切實的威懾力，牠們不敢去吃牠。

聽故事的人總覺得蛇女很可怕，但她其實也很惹人憐愛，因為她每天晚上都會回來看她的孩子和孫兒。而且，故事裡的美瑠姬奴與其說是一個妖女，不如說是一個受害者。原來，她的生父在森林裡遇見她的生母時，也是向生母承諾，永遠不會在她分娩時偷看，這才得以與她結婚。但正是因為父親違背了諾言，孩子才受到了「變蛇」的懲罰。19世紀時，美瑠姬奴的浪漫色彩又重新顯現出來。1882年，詩人讓·洛蘭這樣吟唱美瑠姬奴最後的變身：

「悲傷而疲憊，沉浸在白日最後的光裡，
她感到安寧的時刻終於到來，要變身了，
她模糊的雙眼渴望再看一眼落日的餘暉，
這是世界在向她的愛人道別。
站在塔樓上，她的身體已經變得細長而黏滑，
眼見著，自己赤裸的雙臂變成綠色，長出鱗片，
蛇的冰冷鑽入了她的五臟六腑。」

蛇，哺乳動物的天敵。

美瑠姬奴解剖圖（哺乳類爬行動物）

美瑠姬奴變身為蛇時，首先從身體的上半部分開始變形，她的脊椎骨慢慢拉伸、變長，雙腳慢慢消失，其他的變化並不是那麼明顯：她的舌頭出現分岔，她的犬牙變成毒牙，下頜骨一分為二，可以伸縮。

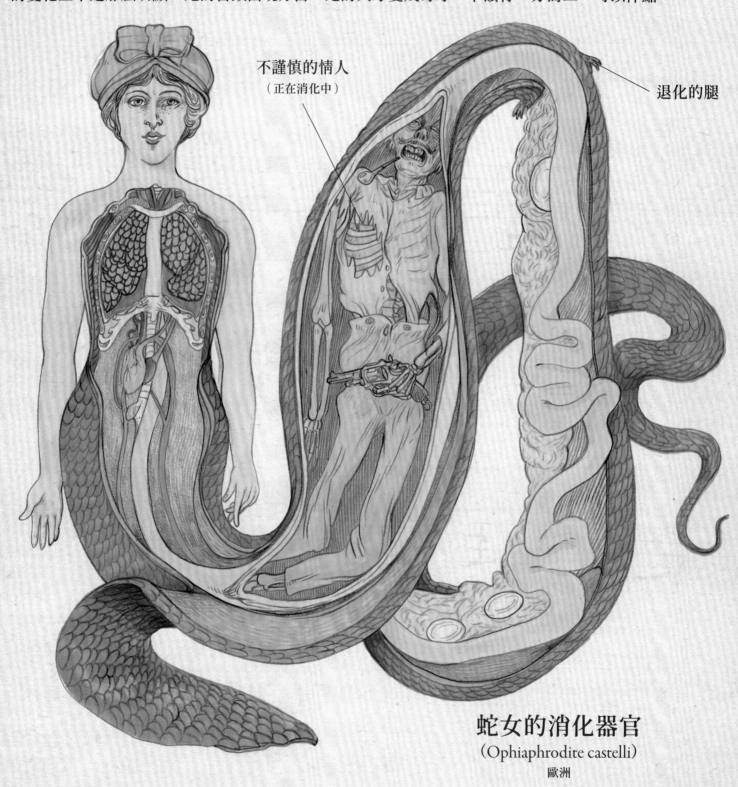

不謹慎的情人
（正在消化中）

退化的腿

蛇女的消化器官
(Ophiaphrodite castelli)
歐洲

蛇的下頜骨

美瑠姬奴的舌頭呈分岔狀，她長有毒牙，
可伸縮的下頜可以任意張開並吞下
她無法咬碎的大型獵物。

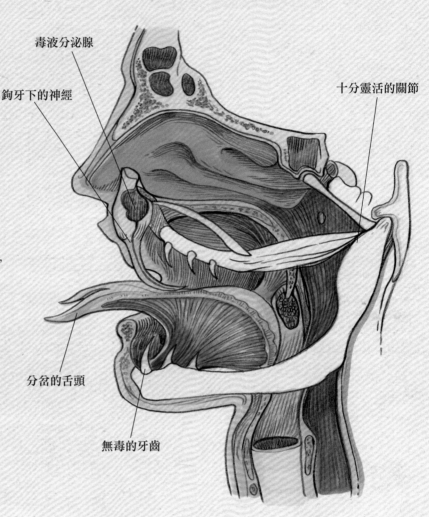

毒液分泌腺

鉤牙下的神經

十分靈活的關節

分岔的舌頭

無毒的牙齒

蛇女的毒器
（原大小的1/2）

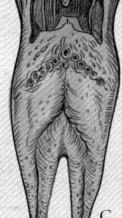

A.

B.

C.

蛇的舌頭
A與B：毒液分泌腺
C：分岔的舌頭正面圖

有毒的鉤牙

蛇女的牙齒

超自然歷史插畫

卡米耶・讓維薩德繪
奇幻學家

牠長著『蛇的腦袋、天使的尾巴，
擁有一副惡魔的嗓子』，
但牠也是靈魂不死的象徵。
牠總是讓人聯想到俊美的人。

孔雀
Le paon

不死鳥

西元前4世紀，哲學家柏拉圖認為，一切生命的靈魂都是永生的，每一次輪迴只是靈魂從一個身體到另一個身體的轉換。在他看來，輪迴的身體取決於每一個生命本身的行為：「就鳥類而言，牠們沒有頭髮只有羽毛，牠們是由天真而輕浮的人轉世而來，他們喜歡說一些浮誇、輕薄的話語，天真地認為萬事萬物的價值取決於他們的外表。直立行走的動物以及野獸的前世是那些完全不關心哲學與天象的人。然後是最不聰明的動物，成天只知道趴在地上，完全不需要腳，所以牠們自然不用長腳，只要在地上爬就可以了。最後，第四類動物就是水裡的動物，牠們由最愚笨的人、最不懂科學的人轉世而來：為之進行轉化的人認為他們根本不配呼吸純淨的空氣，因為他們的靈魂充滿了汙濁。」甚至，有些厭惡女性的人說：「軟弱的男人存在於現實中是不合理的，他們在下次投胎時很可能會變成女人。」

布豐認為，「讓孔雀開屏的正確方法是，向牠投去專注而讚美的目光」。

只有雄孔雀才擁有這樣壯觀的布滿圓點的大尾巴。

18 世紀時，「孔雀尾巴的眼狀斑」經常被繡在襯衣前胸，受到歐洲各地沙龍年輕人的追捧。

靈魂轉世並不是一種「簡單的」復活，靈魂因此得以從人的身體進入另一個生物的身體，因為動物本身在遷徙的過程中也可能改變靈魂。所以確切來說，「靈魂轉世」應該是持續好幾代生命的一種變形，雖然生命交替，但是靈魂始終保持同一個樣子。

這種信仰非常普遍，因此在西元2世紀，拉丁語詩人恩紐斯描寫了他所做的一個夢。在夢裡，他見到荷馬的靈魂進入了自己的身體，並且向他允諾：他會變成與荷馬一樣偉大的詩人。偉大的希臘詩人本應該再補上幾句：在此之前，他曾是一隻孔雀，也曾進入過畢達哥拉斯的身體，畢達哥拉斯還向他強調了靈魂轉世說。

之所以選擇孔雀並不是沒有原因的。當時，孔雀不僅是虛榮的象徵——人們認為這種鳥只在感受到別人喜歡牠時才會開屏；牠還是與赫拉關係密切的神鳥，畢達哥拉斯派認為牠象徵了靈魂的永生。最早的基督教徒把牠看作永生與死而復生的象徵，也許是因為每年冬天來臨時牠美麗的羽毛會一一掉落，來年春天又會再次長出來；也

許是因為，據說牠的身體好幾年內都會保持貞潔的狀態。

詩人盧克萊修完全不贊同靈魂轉世說，幾百年後，他是這麼諷刺恩紐斯的：「鳥類只會生蛋，牠們可沒有什麼靈魂。」盧克萊修不明白為什麼靈魂在投胎轉世中要改變身體的形狀：「為什麼靈魂會由聰明變傻？為什麼任何一個孩子都沒有成人的判斷力？」他很吃驚，沒有人會記得前世的生命，如果的確有前世的話。也許這就是為什麼如今催眠師、「超渡師」以及其他種種現代版的巫師都會建議天真的人再去回憶「前世的生活」，這是一種迅速變形的有效方式，不僅可逆，且沒有任何風險。

至於孔雀，牠自己本來就可以發生某種程度的變形，至少在短時間內，即開屏時。如果本來就不認識這種鳥，那麼也不太可能去想像牠的模樣。但是至少可以這麼想，展開尾巴上的羽毛時，牠依然記得自己是誰。

《孔雀向神後茱諾抱怨》，拉封丹寓言，古斯塔夫·多雷繪，1868 年。

世俗總是對驢子充滿了偏見，相反地，
也有作家曾經把自己的主人公變成哲人般的驢子，
是人類社會最具優勢的觀察家。

驢子
L'âne

驢子

為了懲罰而施展變形，神可以在許許多多動物中進行選擇，牠們一個比一個令人厭惡，例如蜘蛛或蛇，但是如果變形只是為了警告某種錯誤，那麼祂就會選擇一種最具有象徵意義的動物。在一場音樂比賽中，國王邁達斯做了一件極蠢的事，他覺得潘神比阿波羅唱得更好。於是，阿波羅便決意懲罰他，奧維德是這麼寫的：「提洛斯島的神，再也不能容忍那對肥大的耳朵還保持著人的樣子。他使它們慢慢變長，並且長出白

有時，一頭母驢會變成一個漂亮的年輕姑娘，但是反向的變化極其少見。

色的茸毛。這對耳朵開始不停地動，而不像先前那樣保持靜止。他的身體依然是人的身體，除了耳朵，它們就像是行動遲緩的驢子的耳朵。」一直以來，驢子都代表了愚蠢與固執。曾經，學校的老師會以「戴驢帽」的方式來責罰笨學生，好像學生變成了蠢驢一樣。

但是驢子還有其他的模樣，牠是卑微、順從的僕人，在勞作中陪伴自己的主人，知曉主人的一切。阿普列尤斯在《金驢記》中就選擇刻畫這樣一個充滿諷刺意味的觀察者形象。這位西元2世紀時期的羅馬作家當時剛剛被控訴施展法術引誘普登提婭，她比他稍微年長，是個富有的寡婦。他的辯詞對控告人極具嘲諷：「如果說，他們認為『魔法師』是指與永生的神做交易的人，他通過不可思議的魔法可以實現任何他想做的事，那麼，我倒覺得很吃驚，他們竟敢控訴這樣一個會魔法的人，他們不害怕嗎？」

雖然阿普列尤斯並不相信巫師的法力，但在整篇小說中，他一直都在表現這些法力。年輕的

主人公盧修斯發現年邁的潘菲塗上神奇的軟膏就能變成烏鴉：「她發出一聲幽怨的叫聲，沿著地面試飛了幾次，最後終於展開翅膀，飛走了。」盧修斯想盡辦法獲得同樣的法力。他乞求他的情人，美麗的弗緹斯——她也是潘菲的僕人——把軟膏給他。但是弗緹斯拿錯了瓶子，盧修斯講述了後來發生的事：「我把軟膏從頭到腳塗了一遍，然後我模仿鳥的樣子，用手臂拍打空氣，但是一根絨羽都沒有長出來，更別說羽毛了。反而是茸毛越來越濃密，覆蓋了我的整個身體。軟軟的皮膚變成了堅硬的皮；雙手、雙腳也發生了變化，手指、腳趾黏連在一起，變成了蹄子；脊椎骨末端長出一根長長的尾巴；我的臉慢慢拉長，嘴巴咧開，鼻孔也變大了；嘴唇垂落下來；兩隻耳朵變得奇大無比，豎立著。我再也沒辦法擁抱我的弗緹斯了，但是幸好某些部分（真是太慶幸了）並沒有發生變化。」弗緹斯告訴盧修斯，只要他吃下玫瑰花，就能恢復為人的模樣。當然，為了找到玫瑰花，他歷經了重重艱難。在歷險途中，他見到了許許多多的罪行，有時，他自己也不得不參與其中。這個故事時而詼諧，時而情色，時而神祕。主人公變成了驢子，卻因此瞭解了人類社會的方方面面。

盧修斯的變形顯然是虛構的，但其他作家卻依然主張變形的真實性。法學家兼魔鬼學家讓·布丹確信巫師會和魔鬼簽訂協定，所以一定要對其進行嚴刑拷打，將其一網打盡。在他的作品《巫師的魔法狂熱》中，他講述了賽普勒斯島上的一個女巫把一個參加十字軍東征的年輕英國士兵變成了驢子，然後讓他為她工作。一天，他在教堂裡跪了下來，大家迫使女巫還他人形，最後女巫被判以死刑。在控訴者看來，總的來說，女巫經常會把人變成驢子，她們把有用之物變成了討厭之物。

為了讓讀者相信女巫真的能施展變形術，布丹用盡了各種辦法，他提到了瑟西的豬以及阿普列尤斯的金驢。這一幕諷刺女巫與魔法師的鬧劇在十五個世紀以後反而意義大變，它證明了她們的確擁有可怕的魔力。

織工博特姆變成了驢子，精靈女王泰妲妮亞被引誘（版畫，約瑟夫諾爾帕通繪，1850 年，莎士比亞《仲夏夜之夢》）。

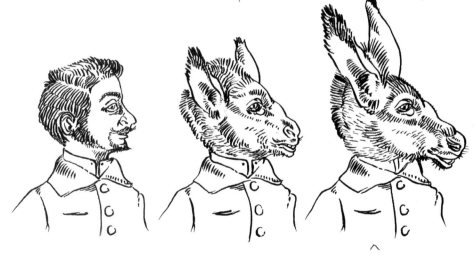

耳朵是變成驢子最基本的象徵元素，但是不要忘記還有凸起的臉部以及富有情感的眼睛。

CHAPITRE 4

徹底的變形
MÉTAMORPHOSES COMPLÈTES

下文中提到的變形是徹徹底底的變形。

它們通常會經歷一個過渡階段，從而隱藏變化的過程。

這些變化結束後，最終的生命形態與最開始的形態截然不同。

我們永遠不能確定繭裡出來的會是什麼東西！

> 動物學的專業詞彙遠不是我們認為的那麼中性，
> 它有時會左右我們觀看生命世界的視角。
> 幼蟲在等待變形時，為了能變成最終的樣子，
> 牠必須具備一種能力。

赭帶鬼臉天蛾❶
Le sphinx tête de mort

蝴蝶的幽靈

　　以前，赭帶鬼臉天蛾因為其胸前奇怪的圖案被大家視為不祥的動物。法國科學家路易·費吉爾認為，19世紀時期，「這種天蛾在某些地區出現時往往伴隨著某種傳染病的肆虐，所以大家都認定，這種可怕的天蛾攜帶著死亡的資訊，因為牠長著死神的面容」。但是這位科學普及者又很高興大家認識的變化：「有那麼多偏見、那麼多迷信，毫無意義但是不無危險，它們迷惑了無知的人，如果能驅散、消滅其中的一個，對於科學而言是多麼快樂的任務，對於博物學家而言是多麼寧靜的喜悦！」如今赭帶鬼臉天蛾只是歐洲眾多大型天蛾中的一員，牠赭金相間的外貌使之成為最漂亮的天蛾之一。

　　一個世紀之前，雷奧米爾認為，這種天蛾

在朗格多克，赭帶鬼臉天蛾身上的花紋使牠獲得了一個綽號：「馬斯卡」，即「女巫」。

赭帶鬼臉天蛾唯一可以被指責的一件事，就是牠喜歡鑽進蜂箱裡偷食蜂蜜。

❶ 「赭帶鬼臉天蛾」的法語為le sphinx tête de mort，sphinx另譯作「獅身人面像」，故有文中所説的關聯。

赭帶鬼臉天蛾的名字源於牠的幼蟲可以在很長時間內一
動不動，一直保持獅身人面像的姿態。

是一種很平常的品種，但是這位博物學家非常喜
歡牠還是毛毛蟲時的樣子：「如果牠們知道自己
有多漂亮，牠們一定會為此而驕傲。」毛毛蟲呈
黃綠色，有時甚至是綠松石色，其間有黑色的
條紋，有一條小小的彎曲的尾巴，長10釐米。然
而，大部分關於飛蛾生命週期的描寫都強調其成
蟲階段，這一階段被大家視作牠們「最完美的樣
子」，幼蟲只不過是一個過渡階段，即不完美的
階段。

　　從動物學角度而言，毛毛蟲屬於幼蟲。幼蟲
這個詞來自古代的戲劇，意指某種惡靈醜陋的面
容，所以這是一個相對貶義的詞，幼蟲的變化也
就只能被視作一種進化！動物學家稱成蟲為「以
瑪戈」（imago），意思是「畫像」，因此從本質
上說比幼蟲要更加完整、完美。但是，如果動物
的成長不會經歷變形，那麼幼年時期雖然沒有成
年時期那麼「完整」，也並不意味著前者沒有後
者「完美」。

　　難道我們不是受雙重情緒影響的嗎？一方面
是對蝴蝶的喜歡，另一方面是對毛毛蟲的厭惡。
在科普文章中，我們不是經常會把「蝴蝶繽紛的
色彩、優雅的姿態……輕盈、活潑、四處飛舞」
與毛毛蟲的「輕率、無恥、卑賤、下流」對立起
來嗎？或者，說到蜻蜓，就會把「醜陋、沾滿汙
泥」的幼蟲與「長著亮閃閃的、彩虹色的、薄紗
一般的翅膀」的成蟲對立起來。然而，如果大家
都能認同應當糾正這種人類中心主義的陳詞濫
調，就必須承認，雖然只有成蟲才能繁殖，但是
幼蟲的存在並不是毫無意義，有時幼蟲階段甚至
持續時間更長。有些知了會以幼蟲的形態生活十

毛毛蟲生活在地底，白色、柔軟，至少在我們的想像中
牠總是黏糊糊的，讓人覺得噁心，甚至覺得可怕。

七年之久，最後變成成蟲後生活的時間只有幾個
星期！難道我們就不能改變一下觀點嗎？或許，
蝴蝶只是幼蟲為了更便捷地尋找配偶，進行繁殖
而創造的一種手段。

蜻蜓 La libellule

生命原體的結合

　　鱗翅目昆蟲的毛毛蟲在生長的最後階段變成了繭，一段時間後，成年蝴蝶破繭而出。很長一段時間內，大家都認為這一變形是一種死而復生。毛毛蟲、繭、蝴蝶被視作三個截然不同的生命體，它們的交替意味著死而復生的可能性。但是在另一個不同的範疇裡，昆蟲又表現出另一種形式的變形，即身體屬性的變化。

　　17世紀荷蘭博物學家簡・斯旺默丹完成了許多完美的昆蟲解剖，技術甚為精湛，為昆蟲學的發展做出了巨大貢獻。他尤其細緻地描寫了華麗的色螅，這是一種極其優雅的蜻蜓，其水生的幼蟲彷彿戴著「面具」。與成年後不同，幼蟲長著巨大的口器。斯旺默丹不僅僅是一個科學觀察者，他的宗教觀也深深影響了他對自然的看法。他不贊同生命的自發性，因為他認為，偶然性與上帝所創造的和諧世界不相容。

　　因此，他便致力於證明昆蟲的變形，只不過是一種簡單的生長現象、一種緩慢的變化，沒有任何神奇之處。他認為，在雄性介入之前，幼蟲已經在雌性的卵子中「成形」。雄性精液唯一的作用只是激發已經存在的胚胎開始生長發育。毛毛蟲的變化是虛幻的，因為實際上它在卵子中就已經發生了。他把這一「先在性」觀點推向了極致，認為每一個胚胎自身攜帶了所有後代的原生生命體。因此，回溯到

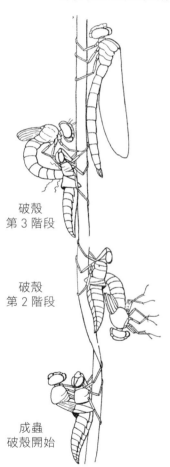

破殼
第3階段

破殼
第2階段

成蟲
破殼開始

蜻蜓的幼蟲飛出水面，停留在一株植物上，變成蛹。幾天後，成年蜻蜓從曾經的外殼中飛出來。

過去，從世界誕生之初起，一切生命體都是可預見的存在。創世紀時，上帝只是把每一代動物的生命原體彼此組合，從而使世間出現了各種各樣的動物，直到時間終結。

　　這一「生命原體相結合」的論點又引出了新的問題。實際上，要預測遙遠的未來極其微小的動物生命原體是很難的事！物質是可以無限分解的嗎？生命體的嵌合難道沒有物質上的極限嗎？從神學角度看，上帝難道認為一代代生命交替的最後是世界的終結嗎？博物學實際上深受宗教思想的浸淫，正因為如此，斯旺默丹才會改變自己的志向。因為他愛上了女傳教士安托瓦內特・布里尼翁，後來他甚至覺得自己的科學工作完全不是為榮耀的上帝服務，而只是為了滿足自己的好奇，最終他放棄了自然研究。

　　生命原體相結合的觀點也導致了一系列政治後果，正如一個世紀後，貝爾納丹・德・聖皮埃爾所言：「我們的學校曾經助長了專制的肆虐，它推崇一些微妙的理論。大家都認為，所有的人，從祖輩到後輩，其實早已包含在第一個人體內，就像一個個杯子，一個套一個。」這位博物學家在其所有的作品中都是歌頌自然神學，有時甚至到了荒唐的程度，但是他不能接受這樣一種生命組合的觀點，與其說是由於科學原因不如說是道德原因：「這樣就會把人類的大部分惡都歸因於出生。因為這種理論，一方面，引發了折磨眾人甚至全人類的憎恨、蔑視，對黑人的奴役，對猶太人的迫害，對農民的封建壓迫；另一方面，導致土耳其拜火教教徒遭受打壓，印度『賤民』餓死等等。這種觀點造就了人類無法彌補的不幸，尤其當它同宗教結合在一起時；因為它促使一些人妄自尊大，讓他們自以為生而高貴、擁有權力；他們把其他人趕入絕望的深淵，禁止那些人望向至高無上的神，那些人世世代代都覺得自己是犧牲品。」

爬龍的變形

日本京都地區住著爬龍，一種長翅膀的龍。牠長著典型的龍腦袋，但是身體更接近鳥的樣子，或是蝴蝶的樣子。爬龍在繭內發生徹底的變化，繭的樣子像日本燈籠，這種擬態極其少見。

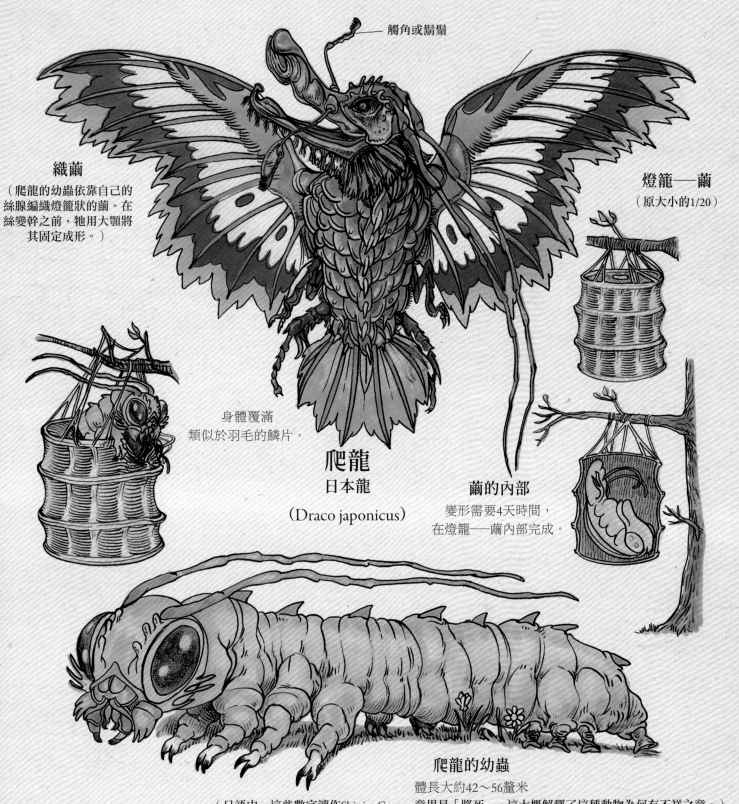

觸角或鬍鬚

織繭
（爬龍的幼蟲依靠自己的絲腺編織燈籠狀的繭。在絲變幹之前，牠用大顎將其固定成形。）

燈籠──繭
（原大小的1/20）

身體覆滿類似於羽毛的鱗片。

爬龍
日本龍
(Draco japonicus)

繭的內部
變形需要4天時間，在燈籠──繭內部完成。

爬龍的幼蟲
體長大約42～56釐米
（日語中，這些數字讀作Shini、Goro，意思是「將死」，這大概解釋了這種動物為何有不祥之意。）

Musée scolaire - MONSTRARIUM - Établissements DEYROLLE, 46 rue du Bac, PARIS 7ᵉ

蜂與蚜蟲
La guêpe et le puceron

可怕的繭

昆蟲的變形意味著一段停滯的時間，動物在此期間發生蛻變。這一行為發生在繭中，即蝴蝶以及其他昆蟲的蛹。在這一殼子裡，幼蟲的身體組織發生了變化，最後完全變成了另一種樣子，但永遠是其基因預先決定的樣子。然而，有些繭神祕得多，最後從裡面出來的生物並不是人們原先以為的樣子。

姬蜂會把自己一顆顆的卵產在蚜蟲體內。每顆卵內都會孵化出一條幼蟲，在寄主蚜蟲慢慢變得半死不活時，幼蟲從內部吞食蚜蟲。在姬蜂把

姬蜂把自己的卵植入毛毛蟲的體內。

卵注入蚜蟲體內時，牠同時還將一種病毒植入其中，這種病毒會破壞蚜蟲的免疫系統，防止牠傷害侵入的幼蟲。最後寄主蚜蟲會變成球形，顏色呈褐色。當姬蜂的幼蟲吃飽喝足、徹底長大後，牠們就會發生變形，變成成蟲，從蚜蟲的遺骸中出來，就像從一個繭裡出來一樣。這樣的蜂被稱為擬寄生動物，因為牠既不是純粹的寄生動物，又不是真正的捕食動物。這種昆蟲會寄生在蜘蛛、蚜蟲、毛毛蟲以及其他昆蟲身上。姬蜂對於昆蟲數量的調節具有重要的作用，牠們被廣泛用於保護莊稼作物的生態除蟲中。

一點點被活生生吃乾淨的蟲子讓達爾文十分震驚：「我承認自己不如別人那麼透澈，因為本來我希望自己能明白這一切，找到證據表明我們周遭一切事物中存在一種計畫與善意。我覺得這個世界有太多的痛苦。我無法說服自己相信仁慈而全能的上帝會故意按照某種原形創造出姬蜂，牠們從裡面吞食毛毛蟲活著的身體，就像貓總是以捕食老鼠為樂。」19世紀時期的昆蟲學家尚-亨利・法布爾，似乎沒有達爾文那麼多愁善感，或說他從另一個角度來看待這一現象。姬蜂麻痺毛毛蟲好讓自己的幼蟲能飽餐一頓，面對這一幕，法布爾看到的是「統治這一世界不可言語的法

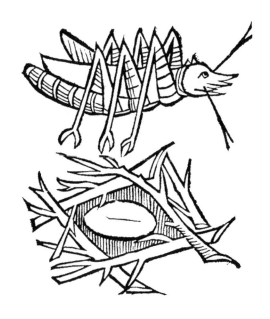

卵是繭的一種特殊狀態，誰也不知道裡面會出來什麼東西，例如圖中的蟲子和牠的卵，繪於 1491 年《健康花園》（Hortus Sanitatis）。

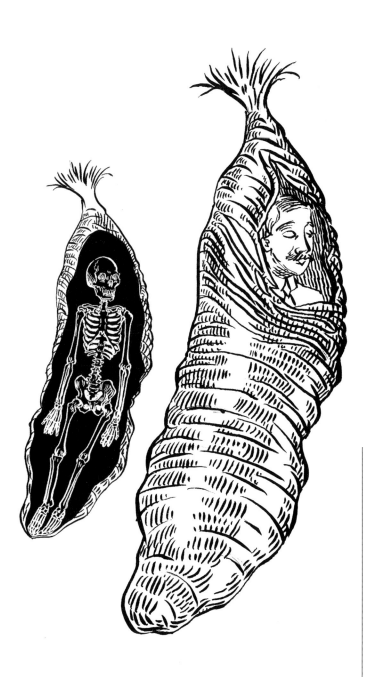

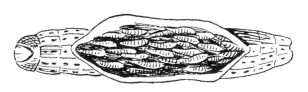

被姬蜂幼蟲活活吃乾淨的毛毛蟲。

則」，甚至無法忍住一滴「百感交集的眼淚」從眼角滑落。

　　繭的主題經常在奇幻作品或科幻作品中出現，例如Body Snatchers❶系列故事（奇怪的是，法語中題目被翻譯成「墓地裡的瀆神者」，而不是「盜屍人」），作品中外星球的繭可以生產出居住在附近的人的複製品。其他電影中，外星生物把人類關在一個個繭中，人在裡面變成了「別的」東西，這種變形因為其不可見性更加讓人害怕。在雷利・史考特拍攝的著名電影《異形》中，從蛋裡孵化出來的怪獸幼蟲是一種由蜘蛛和蠍子組合而成的巨大生物，看上去十分可怕，但是毫無疑問，這是一種動物。牠的行為像是擬寄生動物，因為牠把卵產在一位宇航員太空人的肚子裡。幾天後，從他肚子裡出來的就是這種動物的幼蟲，牠借助人的身體生長、蛻變，就像姬蜂的幼蟲利用毛毛蟲一樣。這部電影再一次讓大家看到了自然的種種恐怖面！

❶ 中文譯名《異形基地》，英文原文的意思是「盜屍人」。

從前，孕婦的肚子就像蟲子的蛹一樣神祕。
如何理解胚胎的變化呢？

精子
Le spermatozoïde
微生物的變化

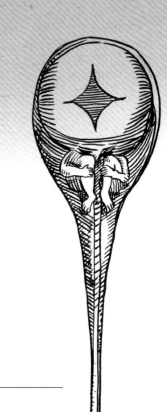

精蟲，尼古拉 · 哈斯托克繪，
1694 年，《論屈光學》。

　　「如果孕婦忽然對自己的大胃口不滿意，大家為什麼會建議她把手放在背後呢？」這是一本專門寫給大眾看的實用建議合集中的一個問題，這本書的題目是《與醫學以及健康制度相關的流行錯誤與普通建議》，出版於1586年，作者是著名的醫生、蒙佩利爾大學訓導長勞倫特·朱伯特。這一問題影射了女人懷孕時驚人的胃口，據說這會導致血管瘤，俗稱「紅酒斑」，有時還會波及新生兒。「許許多多的故事都提到了孩子身體表面顯而易見的斑點，並且都將它們歸因於母親懷孕時驚人的、毫無節制的好胃口。有些孩子身上的斑點像櫻桃，另一些孩子身上的斑點像覆盆子，長在鼻子或身體的其他部位……還有的斑點像野兔的嘴巴或臉、緋魚或鰻魚的腦袋……所以現在孕婦如果忽然變得特別貪吃，大家都讓她把手放到自己的屁股上。普通的民眾都認定，在這段奇怪的病態期間，如果孕婦觸摸自己的臉、鼻子、眼睛、嘴巴、脖子、胸部或其他身體部位，孩子的相同身體部位就會長出斑點，都是母親的貪欲惹的禍……最好能讓這些斑點長到屁股上或衣服能遮住的其他地方。」朱伯特承認孕婦的心情以及行為對孩子的生長發育有一定的影響，但是他認為這些所謂的貪欲都是「無稽之談，就像女人誆騙丈夫說，他不在的時候，她因為吃了雪所以懷上了孩子」。

　　之後，大部分醫生都否認這一錯誤的觀點，但是它已經根深蒂固。哲學家、神學家尼古拉·馬勒伯朗士在其創作於1674年的作品《論想像》一書中極力宣揚這一觀點：「可以說，幾乎所有死於健康母體中的胎兒，他們的不幸只有一個原因，那就是母親某種可怕的、狂熱的欲望，或其他熱烈的情感……如果母親十分想吃梨，孩子就會變得和她一樣，狂熱地渴望吃梨……這些可憐的孩子就變成了她們心中所想之物。」馬勒伯朗士還發現了母親的大腦和孩子的大腦彼此有所聯繫：「如果沒有這種勾連，那麼我覺得女性和動物就不可能如此輕易地生出各自類屬的後代。」

　　這些偏見如此盛行，好幾本書都專門探討了這一主題。在出版於1737年《論孕婦的想像力對胎兒的物理影響》一書中，英國醫生詹姆斯·布隆德描寫了一直盛行不衰的觀點：「如果母親一直想吃貽貝而不得，她的不滿就會使得腹中胎兒的腦袋變成貽貝的樣子。如果一個身體殘疾的人

出現在孕婦的面前，這可怕的景象會使得胎兒的手或腳也變得殘缺……我所說的想像學家，就是指那些相信孕婦的想像力會影響胎兒的人。」這位醫生覺得這些觀點荒誕又可笑，他認為「比起畸形，正常的人才更叫人覺得可怕」。

無論孕婦能不能改變孩子的身體形狀，主要問題其實是胚胎的起源。在有史料記載的最早時期（可能在史前時期也一樣，雖然沒有文字可考證），人類曾試圖解釋孩子如何誕生，又如何在母親的肚子裡成長。幾百年時間裡，博物學家只是一味地引用古人的觀點，後來，由於新的光學儀器的發明，慢慢出現了其他觀點。有些論點在同一問題的各個方面所持的觀點截然不同，例如，究竟是男人還是女人對於胎兒的產生具有更大的作用。

希波克拉底認為，胚胎是由分別來自母體和父體的兩顆「種子」結合而成。亞里斯多德認為父親賦予胎兒運動以及「思想」的能力，至於母親則只是為胎兒提供了必要的物質。但是，必須要解釋清楚的是，為什麼孩子有時與父母中的一人相像，有時與父母兩人都相像，有時與誰都不像！

17世紀時期，某些博物學家，所謂的「後生派」一直都支持希波克拉底的觀點。但是，別人反駁他們，兩個不定性的種子完全看不出物理結構，不可能自己結合在一起，產生胚胎所有的器官。他們最重要的敵人是「先成派」，他們認定胚胎在受孕之前就已經預先存在了。這一派又分為兩個觀點截然相反的陣營。「卵子派」認為胚胎預先存在於卵子中（它本身已經攜帶了以後的卵子），他們的觀點尤其依託了查爾斯·邦納的研究成果。1745年，這位博物學家觀察到，遠離任何雄性蚜蟲的雌性蚜蟲長大後又生出了雌性小蚜蟲，這些小蚜蟲依然可以獨自繁殖生育，先後持續了九代。其實這是一種單性繁殖現象，或稱無性繁殖現象，雖然令人稱奇，但是在動物界其實非常少見。

與此同時，與卵子派相對立的是「微生物派」或稱「蠕蟲派」，他們依託的是當時對精子最早的描述，當時精子被稱作微生物，因為它和沼澤地裡

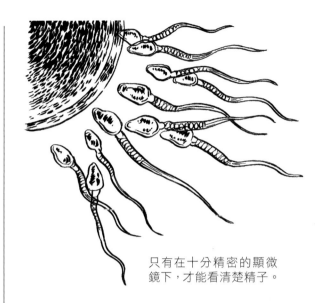

只有在十分精密的顯微鏡下，才能看清楚精子。

發現的微型動物非常像。1677年，安東尼·范·雷文霍克在顯微鏡下觀察了人類的精子。他由此而認定，「精蟲」的頭部就是預先存在的胚胎，它們一旦進入女性的子宮就可以開始生長。

但是，如果情況如此，那麼上帝又怎麼會允許浪費這麼多的微型「人」呢？在1756年出版的《論人類進化的方式》一書中，查爾斯·范德蒙德醫生駁斥了這一觀點：「有些昆蟲只有在蠕蟲階段結束後才會發生變形，以此為參照，有些人就認為蠕蟲是人類生命最初的形式，就好像是在我們死後，蠕蟲也是吞噬我們身體的工具。我們把自己看作小蟲子，把人的存在簡化為一次悲傷的變形。」范德蒙德還參照了布豐的觀點，「這位科學家沒有把男性看作胚胎唯一的創造者，也沒有把一切原因都歸於女性，而認為這兩個生命存在是為了共同分享愛的快樂才被創造，理應一起負責製造後代」。

「人形」精子，弗朗索瓦·德·普朗塔得繪於1678年。

茗荷兒 L'anatife*

載鴨樹

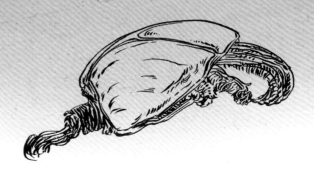

(台灣的學名叫：鵝頸藤壺)

　　大海上，漂浮的木頭上有時會附著奇怪的動物，看上去像長著角質狀花梗的貝殼。牠們就是茗荷兒，也就是我們在魚販子那裡看到的狗爪螺（鵝頸藤壺）的近親。中世紀時期，人們以為狗爪螺中會生出鴨子。事實上，從來就沒有人見過海番鴨、黑雁繁殖，這些海鳥秋天從格陵蘭島游到溫帶地區過冬，產卵之後又回到北方去。傳說，茗荷兒生長於樹上，隨斷掉的樹枝在海浪的推動下漂到了諾曼第的海灘。

　　這看起來的確很奇怪，克勞德・杜雷特法官在他的著作《大自然奇花異草之逸事》中如此肯定地說道：「那些鳥不是由父母交配、生育、孵化而來，而是從腐爛的枯樹枝、破舊船隻的木

茗荷兒有時被叫做黑雁，與真正的黑雁的名字一樣。同樣地，在英文中，茗荷兒叫做 goose barnacle，而黑雁叫做 barnacle goose。

板、腐朽的桅杆與槳中出生、成長。」

　　因為黑雁的出生方式如此特別，所以在四旬齋期間這些鳥被允許食用，因為在這一時期虔誠的基督教徒不能吃哺乳動物，也不能吃禽類。相反地，如果黑雁是某種「魚類」的後代，那麼就

可以吃牠了！12世紀末，加勒地區的大主教吉拉德揭示了這一宗教習俗，他承認黑雁的出生方式的確令人十分吃驚，但也許正是這一規避教規的方式促使這一宗教信仰一直保留至17世紀。

　　1671年，蘇格蘭軍人、博物學家羅伯特・莫雷在蘇格蘭的西部海灘上發現了茗荷兒。他向在英國科學院的同事描述了他自認為觀察到的一切：「在我打開的所有貝殼裡，無論是最大的貝殼，還是最小的，我都發現了一種長得十分奇怪又十分完整的鳥，看上去牠沒有任何殘缺之處，至於內部器官，也完全符合一隻完美的海鳥的樣子……小小的嘴巴就像是鵝的嘴巴；眼睛突出；頭、脖子、胸、翅膀、尾巴、腿腳都十分健全，羽毛也一樣，顏色烏黑；牠的腳，依據我的記憶，和其他水鳥的腳沒什麼不同……我從來沒有見過這樣活著的小鳥，但是一些可靠的人向我保證他們曾見過拳頭大小這樣的鳥。」

　　與牠的外貌不同，茗荷兒並不是軟體動物，而是一種甲殼動物，牠的小爪子會在水裡不停地動，捕捉牠賴以生存的浮游生物。為了長大，這種動物也必須經歷一種變形，儘管這種變形與我們的想像非常不一樣。居維葉和拉馬克在動物學分類中將牠歸錯了種類，英國博物學家約翰・沃恩・湯普森第一個觀察到這種動物從典型的甲殼狀幼年體變成了成年體。之後，查爾斯・達爾文出版了好幾部與這一動物家族相關的著作，即蔓足亞綱動物，牠們是與蝦蟹很相似的一類動物。

　　如今我們知道成年的茗荷兒在水裡產卵，破卵而出的幼體過著浮游生物般的生活。牠們與成年體完全不同，但是和其他甲殼類動物的幼體很相似，例如明蝦。雖然一切都已經如此明瞭，但是茗荷兒還是在牠們的學名Lepas anatifera中保留了一些傳奇色彩，這個詞的意思是「裝著鴨子的貝殼」。

茗荷兒的變形

茗荷兒樹，又叫做載鴨樹，是北大西洋沿海地區的一種灌木。它的果實叫做茗荷兒，傳說從中可以誕生出黑雁。雖然法語中的「黑雁」是陰性形式，但是其實出生的黑雁不僅有雌性，也有雄性。

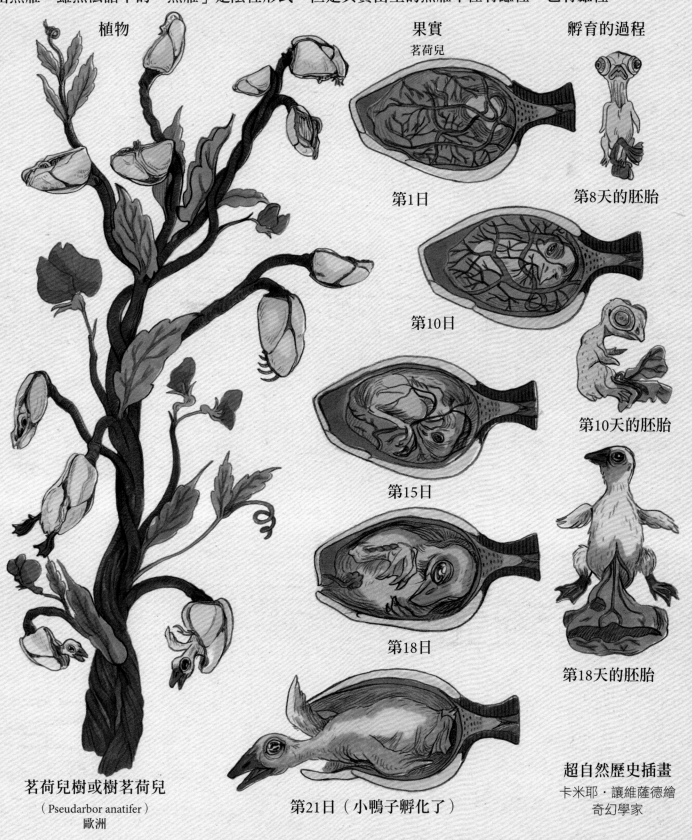

植物

果實
茗荷兒

孵育的過程

第1日

第8天的胚胎

第10日

第10天的胚胎

第15日

第18日

第18天的胚胎

第21日（小鴨子孵化了）

茗荷兒樹或樹茗荷兒

（Pseudarbor anatifer）
歐洲

超自然歷史插畫
卡米耶・讓維薩德繪
奇幻學家

Musée scolaire ~ MONSTRARIUM ~ Établissements DEYROLLE, 46 rue du Bac, PARIS 7ᵉ

蛻脫皮是指蛻下舊的外皮，
換上新的外皮，但也可以指突變，
改變模樣……變形！

青蟹
Le crabe vert
蛻脫殼期之外

在海邊，如果把海斗放進一個充滿海水的洞裡，人們有時會抓到一種「軟殼蟹」，牠的殼被手指捏著時，會深深地凹下去。人們經常會把牠扔掉，是因為牠黏糊糊的讓人覺得噁心，其實這只是因為牠正在蛻脫殼而已。幾個小時之前，牠衝破了舊殼，把自己袒露出來，而新殼還沒有沾染鹽岩，所以還很柔軟。18世紀時，這種「軟殼蟹」被大家叫做膽小鬼蟹，「牠們離開自己的殼以後，會一直躺在沙子上，一副懶洋洋、筋疲力盡的樣子，半死不活。只要新殼還很柔軟，牠們就會一直很膽小，不敢讓人看見。然而一旦牠們恢復了體力，就會變得勇猛無比，會勇敢地與攻擊牠們的墨魚、槍烏賊、珊瑚蟲鬥爭」。「軟殼蟹」之所以變得這麼勇敢，是因為新殼變得無比堅硬的緣故。但是在新殼變硬之前，牠會吸水使身體膨脹，以便從舊殼中脫出。牠的每一次生長都是通過這種方式實現的，一個階段接著另一個階段。通常，蛻脫殼僅僅意味著外殼的變化，這促使螃蟹生長。如果斷了一條腿，有時牠甚至會在這一階段重新長出一條腿。至於舊殼就會被牠徹底拋棄，但樣子完好無損，以至有時會被人當作死去的螃蟹。這個舊殼當然很輕，而且背上有一道隱約可見的細縫，「新」蟹正是從這個口子裡誕生的。

對於海洋動物而言，蛻脫殼往往伴隨著真正的變形。所以，青蟹從浮游生物的狀態開始新的生命。牠的幼體漂浮在水裡，先經歷四個分明的「幼體」階段，再經歷一個「成熟」階段。幼體

螃蟹的幼體在水裡過著浮游生物的生活。牠殼上的刺是很厲害的武器，還可以防止牠沉到水底去。

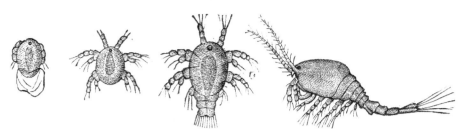

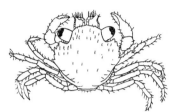

劍水蚤是一種生活在淡水中的小型甲殼類動物。在牠的生長過程中，牠的幼體要經歷好幾個階段，即無節幼體階段。

青蟹的成年狀態和幼年狀態。

時期，可以明顯看到又長又尖的額劍（有點像劍魚的額劍，但是小很多，因為它只有1毫米長），此外背上也長著一根刺。因為殼漸漸變化，所以第四階段的幼體是半成年體狀態。這一新的形態彷彿是一隻長著細長尾巴的螃蟹，或是一隻身體前部腫脹得變形的蝦。牠還會讓人聯想到電影中幼年時的外星人，但是沒有那麼可怕，因為外星人要小很多，會停在宇航員太空人的臉上。螃蟹的生長變化沒有那麼奇特。半成年青蟹最後沉入海裡，經由一次新的蛻脫殼，變成一隻小小的成年蟹。

蛻脫殼並不只會發生在昆蟲或甲殼類動物身上。蛇也會定期蛻脫皮，蛻脫下老去的皮，而新的皮早已在下面慢慢生長，無論是形態還是顏色都不會發生改變。哺乳動物的皮毛也會不斷變化，但是這一過程非常不容易被察覺。某些動物的皮毛變化非常迅速，尤其是在春秋兩季。雪兔純白的毛會布滿棕色斑點，除了顏色，毛的長度也變了，這就改變了兔子的樣子。同樣，大部分鳥兒都會經歷一段幼年時期，此時的羽毛與成年後的羽毛十分不同。安徒生的《醜小鴨》為我們提供了一個十分具有說服力的故事：「牠再也不是一隻長著黑灰色的毛、令人討厭的醜小鴨了，牠其實是一隻天鵝！」

2010年初，國際貓科動物組織認可了一種新品種的貓。因為在飼養過程中偶然發生了變化，

這些「狼人貓」身體的某些部位沒有毛，尤其是在眼睛周圍，而且牠們會定期掉毛。雖然牠們並沒有發生真正的變形，但是牠們的名字與狼人相關。這些貓發生了突變，又與狼人相像，牠們似乎同時具備了古時神奇動物的奇幻性與分子生物學實驗室的現代性。

「狼人貓」的出現並不是因為偶然的基因實驗，而是因為在飼養過程中出現了自然選擇的新特徵。

生命死亡後的歷程令人感覺神祕；
生態學誕生，堅決否認不可信的天主教信條……
這一切都促使動物學家編造了最令人吃驚的變形！

天使
L'ange
超人類的生命

　　奧維德的《變形記》表明了人與自然之間確定無疑的關係。他所描述的男男女女會迅速發生變形，以一種「幾近自然的方式」，都是因為違背諸神的意志。他們中有些人變形後原先的優點更加明顯，例如阿拉克妮，被迫永遠織布，但與此同時，她也得以一直磨練自己的技藝。凶殘、暴虐的萊卡翁變成了狼，是對自己的一種諷刺。他雖然改變了面貌，但是本性未變。即使變形通常都是不可逆的現象，某些動物還是能恢復人的原形，例如被瑟西變成豬的水手，或變成白色母牛的伊娥。

根據天主教教義，天使守護活著的人，但祂們並不是由人而生！祂們來自「達到宇宙之完美」的神。

　　但是，奧維德認為，動物與人截然不同，因為動物不會說話。他描寫的所有動物都保留了人的原本思維，但是不能證明他們的真實身分，也不能證明牠們遭遇了什麼（除了伊娥，她借助牛的蹄尖，在沙子上寫下自己的名字）。之後，基督教哲學家致力於構建人與動物之間不可逾越的關係。進化論者很難克服這一艱難的障礙，他們從19世紀開始，一直都在努力搭建人類發展史與動物發展史之間的橋梁。

　　與此同時，在正式為這一科學正名以前，博物學家創造了生態學。各種生物之間複雜的關係、自然界的平衡與和諧是自然神學創造的奇蹟的一部分，正如美麗的花以及行為奇特的動物一樣。在這幕偉大的生命之劇中，每一個生命似乎都被偉大的造物主置於設計好的地方。每一個生命的細節都顯示出神的偉大力量以及仁慈，這些觀點至少持續到19世紀，從那時起，博物學家開始擺脫神學的假說研究自然。

　　正是在這一自然神學和生態學領域，在與生物學的交界處，出現了一本由路易·費吉爾撰寫的書，這本書非常古怪。在整個19世紀後半葉，這位科普學家出版了好幾十本著作，關於動物、植物、岩石、史前史、物理以及化學。他的書多次被再版，經常作為畢業獎品頒發給優秀的高中畢業生。雖然費吉爾是一位堅定的反達爾文主義

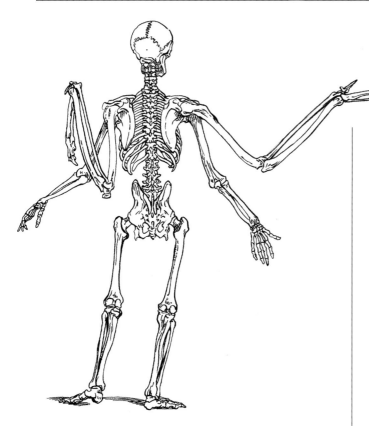

劍水蚤是一種生活在淡水中的小型甲殼類動物。在牠的生長過程中，牠的幼體要經歷好幾個階段，即無節幼體階段。

者，但是，他極大地推動了法國社會科學思想的傳播。

1871年，他出版了《科學的視角：死後的世界或將來的生命》，在這一大部頭著作中，他試圖科學性地揭示靈魂的不朽！他認為，身體與思想（或稱靈魂）是兩個截然分開的實體。既然一代又一代物質沒有消失，只是改變了存在的狀態，那麼思想應該也一樣：「和物質一樣，思想只是改變了形態，但是從來沒有徹底消失。」他以這一方式否定了古時以來所有的「靈魂轉世說」，因為「靈魂的永恆性」「本身就是不言自明」的事實。

真正的問題是，靈魂在死後究竟變成了什麼：「歸根結柢，靈魂是否不滅對我們而言一點都不重要，我們的靈魂，他的確不可摧毀、永恆不滅，只要他能去服侍另一個人，或者，就算他又回到我們自己身上，他也不會記得前世。因為

沒有任何對過去的記憶，靈魂的重生也就變成了一種真正的死亡，是唯物論者所說的虛無。」

路易・費吉爾試圖證明我們的靈魂其實存留在「另一種生命形式」裡。在他看來，死後，靈魂變成了一種超人類的存在，即我們通常所說的天使。「如果說大氣是人類居住的環境，那麼靈動的風則是超人類生命生活的環境。這兩種不同環境之間的流通並不那麼超乎尋常、奇怪，也不違背自然的法則，我們可以相信他的存在。某一個生命穿越到新的環境中時，就會發生變形。」這種變形就像是我們見到的「池塘淤泥中醜醜的黑蟲子變成了美麗的蜻蜓，優雅而靈動地飛向天空……可以說，從這一觀點看，人類就是超人類的幼蟲或蠕蟲狀態」。

這一生命從人一出生便棲息於人的身上，除非這是一個品德十分高尚的人。在這種情況下，他就會發生另一種變形，他會變成大天使。路易・費吉爾描寫了一種不可思議的宗教──生物性迴圈。靈魂在經歷一系列變形之後，抵達了太陽，他成了太陽的一部分，然後又以美好的陽光這一形式重新返回大地。這些陽光將靈魂的嫩芽植入植物中，他們會慢慢長大、成熟，從植物變成低等動物，然後變成鳥、哺乳動物，直到最後變成人。

費吉爾是一個非常虔誠的天主教徒，但是他認為這種靈魂轉世的形式更加適用於基督教徒關於地獄與天堂的學說，只是他認為這些學說沒有道理可言，與神的仁慈不相符：「比起遭受永恆的折磨，再次回到人間事實上是一種並不那麼殘酷的懲罰，且更加符合情理。懲罰和罪行成正比，它公正而寬容，就如同父親的責罰一般。」費吉爾的書本來被天主教廷列為禁書，之後又重新出版，直到1904年先後印刷了10次，那時離作家去世或稱「變形」已經有10年了。

CHAPITRE 5

緩慢的變形
MÉTAMORPHOSES LENTES

如果變形變得緩慢，
甚至持續好幾代生命，
這就不再是個體的變化，
而是集體的變形，即物種演化。

飛魚 Le poisson volant

《特里梅德》中最初的海洋

1748年，一部研究「印度哲學」的著作問世，題目是《特里梅德：一位印度哲學家與法國傳教士就海洋縮小、大陸成形、人類起源等問題的對話》（後文統一簡稱為《特里梅德》）。有趣的是，這本書的扉頁上寫著哲學家對詩人西哈諾·德·貝爾熱拉克的寄語：「詩人全部的瘋狂……他是我這些夢幻之果的引路人與支撐。」這部著作其實是博努瓦·德·馬耶的遺作，他是法國駐埃及領事，也是一位博物學愛好者，書名《特里梅德》（Telliamed）從後往前讀便是他的名字（De Maillet）。他一再要求這本書必須在他死後出版，因為他害怕他的思想會引發教廷對他的迫害。

作家想像的關於我們地球的歷史與《聖經》中的說法其實不相吻合。《特里梅德》認為，曾經大海覆蓋著我們星球所有的地方，因此那時所有的生物都是海洋生物。之後，當某些地方的水退去，水生動物轉變為陸生動物：大象是從海裡的大象變化而來，狗是從海裡的狗變化而來，而人也是從海裡的人變化而來，作家認為海裡的人至今仍然生活在海裡。所以沒有亞當、夏娃，地球已經有好幾百萬年的歷史，《聖經》則認為它只有6千年歷史，所以兩者相互矛盾。這本著作當然被列為禁書。

雖然這部著作包含了一些非常奇幻的論點，例如海裡的人類，而且作者沒有提出任何證據來證明自己的「系統論」，但馬耶還是可以被看作進化論者的先驅。他是最早提出物種的狀態不是一成不變而是不斷變化的理論家之一。他還舉了一個飛魚的例子：「經常會見到長著翅膀會飛的魚，在大海上捕食或被其他動物捕獲，牠們對獵物充滿渴望，同時又擔心丟掉性命，最後跌入蘆葦叢中或草叢中……牠們的鰭失去了海水的浸潤，因為乾燥而開裂、變形……牠們肚子下面小小的鰭端，就像鰭一樣，之前在海洋裡可以幫助牠們移動，現在慢慢變成了腳，幫助牠們在陸地上行走。」

魚變成了鳥！這種現象更像是一種變形，而不是進化，這種變形並沒有引起博物學家的興趣。因此，居維葉用這個例子來嘲笑拉馬克的變形理論。之前，這本書也遭到伏爾泰的批評，不管怎樣，他都反對一切贊成化石是動物石化的軀體的觀點。其他一些作家也受到了這位哲學家的諷刺，例如讓·德利斯勒·德·薩勒。雖然他不是博物學家，但是他對相關的問題都有自己的觀點，並且他把這些觀點寫進了他的著作《論自然哲學：人類倫理簡論》，這本書出版於1777年。就像同時代的許多人一樣，他認為新的物種只有通過現有動物的雜交才能產生。因此，他認為飛魚的起源是「某種非同尋常的結合，例如禿鷲與七鰓鰻的結合」。

事實上，《特里梅德》的觀點更加敏銳。作者深知自己的變形理論很難讓人信服，於是他又補充道：「哪怕無數條魚因為無法適應新的習性而死去，只要有兩條魚能夠存活下來，就可以保證後代的延續。」從這句話中我們可以發現某種自然選擇的雛形，比達爾文還要早！最後他總結說：「蛆或毛毛蟲變成蝴蝶，如果不是因為這種變形每天都發生在我們眼前，如果在大家都不暸解這種變形的地方講述這一變形，就要比魚變成鳥這種事更加令人難以相信。」

飛魚在飛行的時候喜歡滑翔，不拍打「翅膀」。

MÉTAMORPHOSES FOSSILES DES POISSONS-VOLANTS

飛魚化石中的變形

因為化石的存在，我們得以瞭解從魚到鳥的變化。這些化石來自不同的地質層，我們可以從中看到鰭如何變成翅膀。

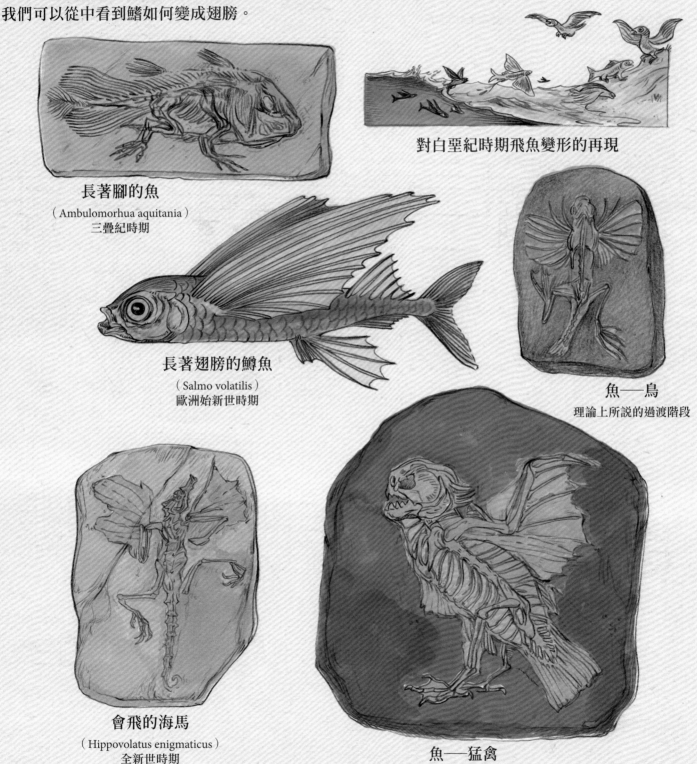

對白堊紀時期飛魚變形的再現

長著腳的魚
（Ambulomorhua aquitania）
三疊紀時期

長著翅膀的鱒魚
（Salmo volatilis）
歐洲始新世時期

魚──鳥
理論上所說的過渡階段

會飛的海馬
（Hippovolatus enigmaticus）
全新世時期

魚──猛禽
（Harpago amphibius）
侏羅紀時期

Musée scolaire ~ MONSTRARIUM ~ Établissements DEYROLLE, 46 rue du Bac, PARIS 7ᵉ

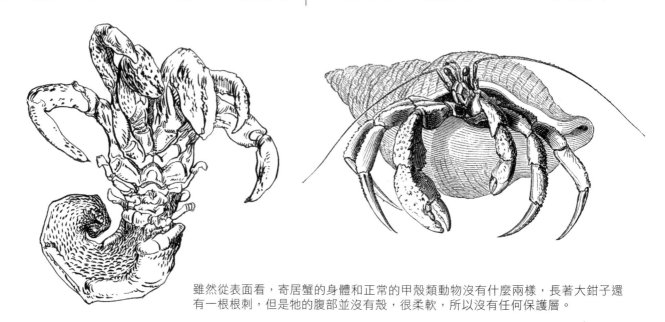

從表面看上去，寄居蟹一半是蟹的模樣，
一半是貝殼的模樣，在某些博物學家看來，
牠可以很好地佐證進化論的觀點，
雖然牠的故事完全是人編造出來的。

寄居蟹
Le bernard-l'hermite
生物的持續變形

1768年，博物學家讓-巴蒂斯特·羅賓出版了著作《關於生命形態自然變化的哲學思考：論慢慢製造人類的大自然》。在他看來，生命體在時間的流逝中慢慢發生了變形。這些「變形」最終構成了一個有機體生物鏈，它證明了生物「向生命體最高級的形式即人類的進化」。

正是因為如此，他才描繪了「貝殼類動物」（即軟體動物）向甲殼類動物的轉變。這兩類動物之間的過渡動物，在他看來，顯然就是寄居蟹，這種動物把自己柔軟的腹部藏在一個從海螺那裡借來的殼裡：「是不是因為牠記得自己曾經的樣子呢？或因為牠想重新獲取曾經脫下的殼，就像是一隻變形了一半的蝸牛？這種動物的本能讓我們明白，甲殼類動物的確與貝殼類動物很相似。」

之後，羅賓又談到了蛇，這種動物與甲殼類動物如此相似，因為「這兩種動物每年都會蛻皮的特徵最清楚地表明牠們在生物分類中的相似性」。雖然這兩種動物都會蛻皮，但是牠們的內在結構非常不同。不過作者依然認為甲殼類動物的外殼進入身體內部，變成了蛇的骨頭（這就簡單地解決了前文提到的問題）：「甲殼變成了骨頭，為了保護動物，其身體表面只剩下角質層的薄片，

雖然從表面看，寄居蟹的身體和正常的甲殼類動物沒有什麼兩樣，長著大鉗子還有一根根刺，但是牠的腹部並沒有殼，很柔軟，所以沒有任何保護層。

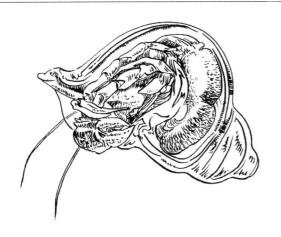

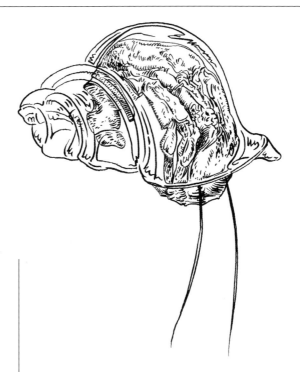

如果把一個玻璃做的貝殼給寄居蟹，就會看到牠如何巧妙地鑽進新的螺旋形殼裡去。

這些是最初的身體物質的殘餘。」

　　之後，又從蛇推及四足動物。要想解釋原本沒有四肢的動物如何長出了四肢，就必須參照毛毛蟲：「當牠失去最初的各種身體器官時，牠長出了新的器官，然後破繭而出。」羅賓認為，昆蟲的變形不過是「宇宙生物持續變形」中的一個階段。通過各種細緻的分析，他試圖證明蝦變成了蛇，蛇變成了魚！在他的理論體系中，蛇就相當於蛹，只是需要解釋清楚腳的問題。

　　魚變成了鳥（當然是先變成飛魚），鳥變成了蝙蝠，蝙蝠又變成了會飛的松鼠。鳥經由長著巨鰭的鯊魚變成了鯨魚。海豚變成了海豹，然後變成了海牛，最後變成了海人，作家一直都在努力通過各種證據證實海人的存在！在這一觀點上，羅賓還借用了《特里梅德》的故事。但是因為這些海洋中的哺乳動物都只有兩個前肢，也就是說沒有腳，他不得不重新研究四足動物，然後是四肢動物，即猴子，最後就是人類。

　　他的著作和《特里梅德》一樣，是薩德侯爵「必讀書目」之一，與伏爾泰、斯賓諾莎的著作並列。他的觀點吸引了啟蒙時期的某些哲學家，之後，又讓黑格爾著迷。他提出的「生物的等級」預示了拉馬克的變形論。但是他受到了博物學家的猛烈抨擊，他們批評他借用一些不合理的相似性論證自己的觀點，例如「這種特別的蘿蔔

代表了一個女性形象」，他認為這種現象是大自然試驗的結果：「仔細觀察這一特別的存在，就會發現，大自然只是想要試驗，人類的模樣是否可以與植物的樣子聯繫起來，兩者又是如何共同呈現的。」最後他還總結：「變形已經往前進步了。我們看到在初次試驗中，它相當成功。」

左圖，「女人模樣的古怪蘿蔔」，發現於波恩附近。右圖，「六人──人形蘑菇」，1661 年發現於阿爾特多夫的森林。

MÉTAMORPHOSE D[

中國龍的變形

中國龍的變形是牠最重要的特徵之一，但是迄今為止這一現象尚未為人充分瞭解。事實上存在著許多種不同的龍，牠們的變形根據地區的不同而不同。最完整的變形要持續成千上萬年。最後一次蛻皮後，成年的龍就可以飛走了。

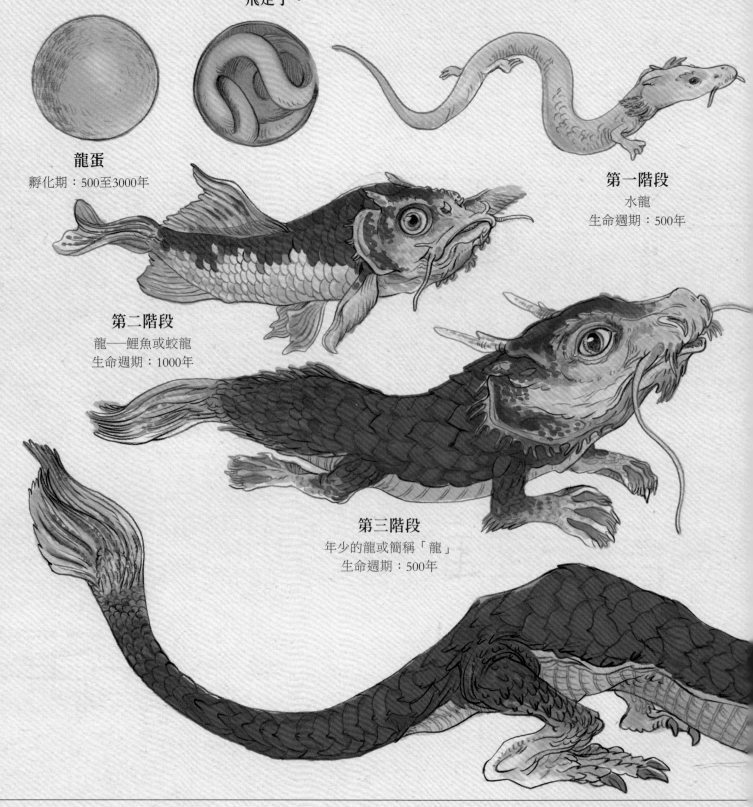

龍蛋

孵化期：500至3000年

第一階段

水龍
生命週期：500年

第二階段

龍──鯉魚或蛟龍
生命週期：1000年

第三階段

年少的龍或簡稱「龍」
生命週期：500年

具有感知能力的長鬚

鹿角

中國龍
(Draco sinensis)
亞洲

飛龍通常會經歷一個長角的階段，
即蚪，介於龍與應龍之間。
中文中「龍」的音同「聾」，
所以據說龍天生聽不見聲音，
等到角慢慢長出來時，
牠才慢慢擁有了聽的能力。
有些龍沒有耳朵，
但是可以借助角來聆聽。

爪子

蛇身

最後階段
飛龍或應龍
生命週期：好幾千年

超自然歷史插畫
卡米耶・讓維薩德繪
奇幻學家

物種之間的相似性，
科學地證明了某個造物主的存在？
抑或證明了一種可進化的同一始源？

馬
Le cheval
否定親緣性

長著人頭的小馬，1254 年，
維羅納城附近（據安布魯瓦
茲·帕雷記載，1575 年）。

「取人類的骨架，彎曲盆骨，縮短大腿骨、小腿骨以及手臂骨，拉長腳骨、手掌骨，將所有的指骨、趾骨合起來，縮短額骨，拉伸頜骨，最後拉伸脊柱，這副骨架就再也不是人的樣子，而成了馬的樣子。」法國著名博物學家布豐如此為我們描述了一種變形，雖然是想像的卻不乏說服力。他通過一根根骨頭、一個個器官，建立起人類與馬的聯繫，這些相似性讓人聯想到一種可能的親緣性。從人到馬，並不需要太多的變化！「從這一角度看，不僅僅是驢子和馬，人類、猴子、四足獸，以及所有其他動物，都可以被看作同一家族中的不同成員。」

但是，在這樣一個生動活潑的解釋之後，布豐卻猶豫了，相似性並不能證明這些動物的同源性，因為他們不可能屬於同一個家族，因為《聖經》否認這種情況：「當然不是這樣，根據神的意志，可以肯定，所有的動物都始於造物者的恩慈；每種動物最初的雄雌雙方都出自上帝之手；大家都應當相信他們與我們現在所看到的他們的後代長得一模一樣。」他用不可辯駁的、排除了一切爭議性的權威話語替代了建立在觀察與理性基礎上的詳細證明，以此聲明絕對不可能存在所謂的進化，這只不過是一個思維的遊戲，教廷也就找不到任何可以批判布豐的證據。但是實際上

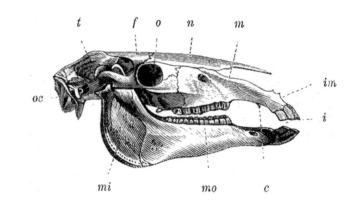

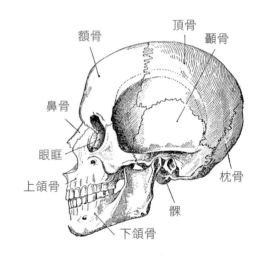

頂骨

額骨

顳骨

鼻骨

眼眶

上頜骨

枕骨

髁

下頜骨

與骨架的其他部分相比，雖然這更複雜，但是我們依然可以將馬的顱骨與人的顱骨一一對比。

布豐撼動了宗教教義，委婉地揭示了進化論的觀點，雖然他看似否定了這一觀點。

1830年，布豐去世將近半個世紀後，若弗魯瓦‧聖伊萊爾提出的觀點與布豐的遙相呼應。他是自然博物館的教授，認同變化論（進化論）的觀點：如果考察形態，對比馬的前肢與人類的上肢，只能看出一種非常粗糙的相似性；但是，兩者都有一樣的骨頭、關節、肌肉，且所有這些組織之間的構成與關係都一樣，即相同的連線性。大自然在造物時只有有限的組織結構，它可以縮短、縮小、取消這些結構，但是並不會打亂它們之間的相對位置……這樣的順序、組織、聯結在所有的動物身上都一樣。因此並不存在許多種動物，準確而言，只有一種動物，在令人震驚的變形過程中，他的身體器官在形狀、功能與尺寸等方面發生變化，但是構成他們的物質永遠都一樣。

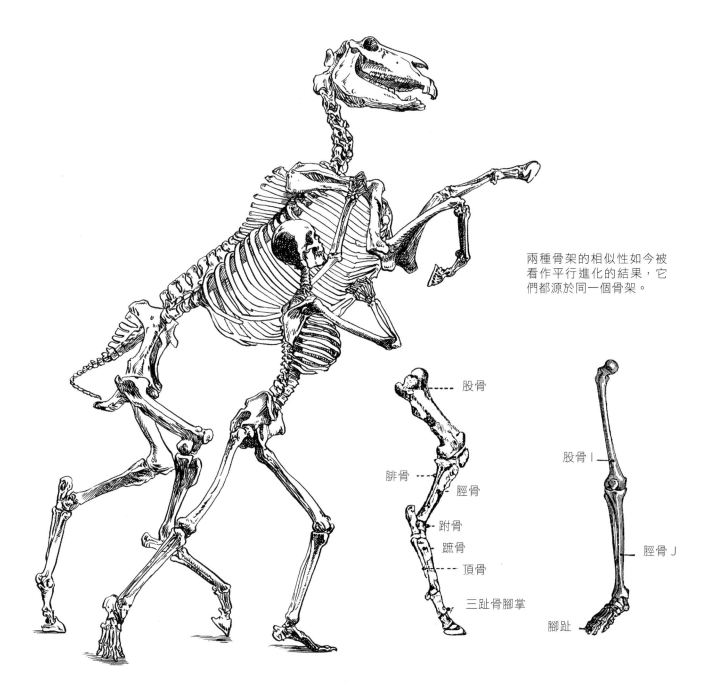

兩種骨架的相似性如今被看作平行進化的結果，它們都源於同一個骨架。

股骨

腓骨

脛骨

跗骨

蹠骨

頂骨

三趾骨腳掌

股骨 I

脛骨 J

腳趾

人——馬的變異

人變馬的過程有時會半途終止,由此會生成一種中間狀態的動物,人——馬研究學家稱之為偽變形或變異。
古代的半人馬似乎就是源自這些畸形物,這種形態經過好幾代的進化穩定下來。

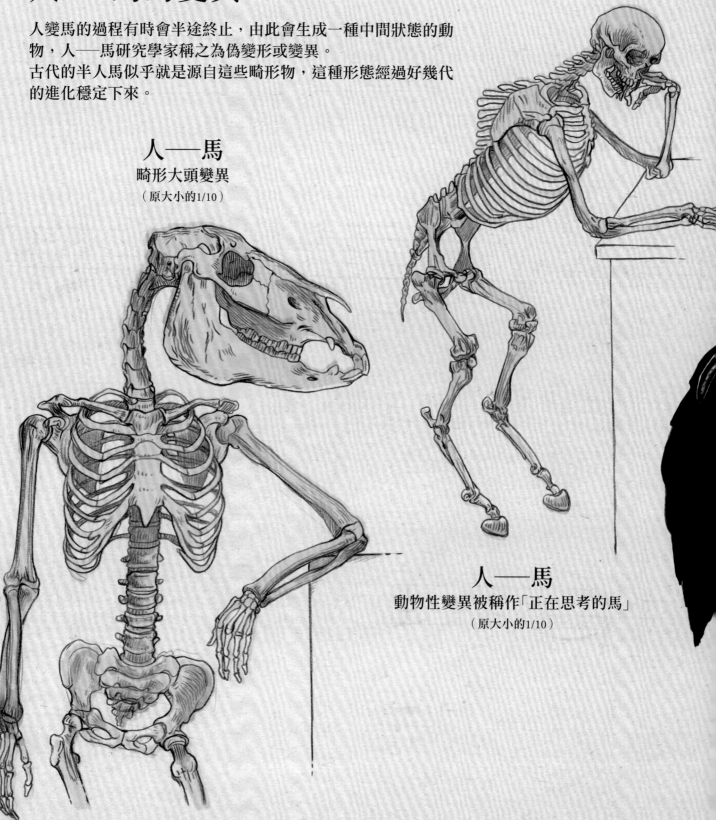

人——馬
畸形大頭變異
（原大小的1/10）

人——馬
動物性變異被稱作「正在思考的馬」
（原大小的1/10）

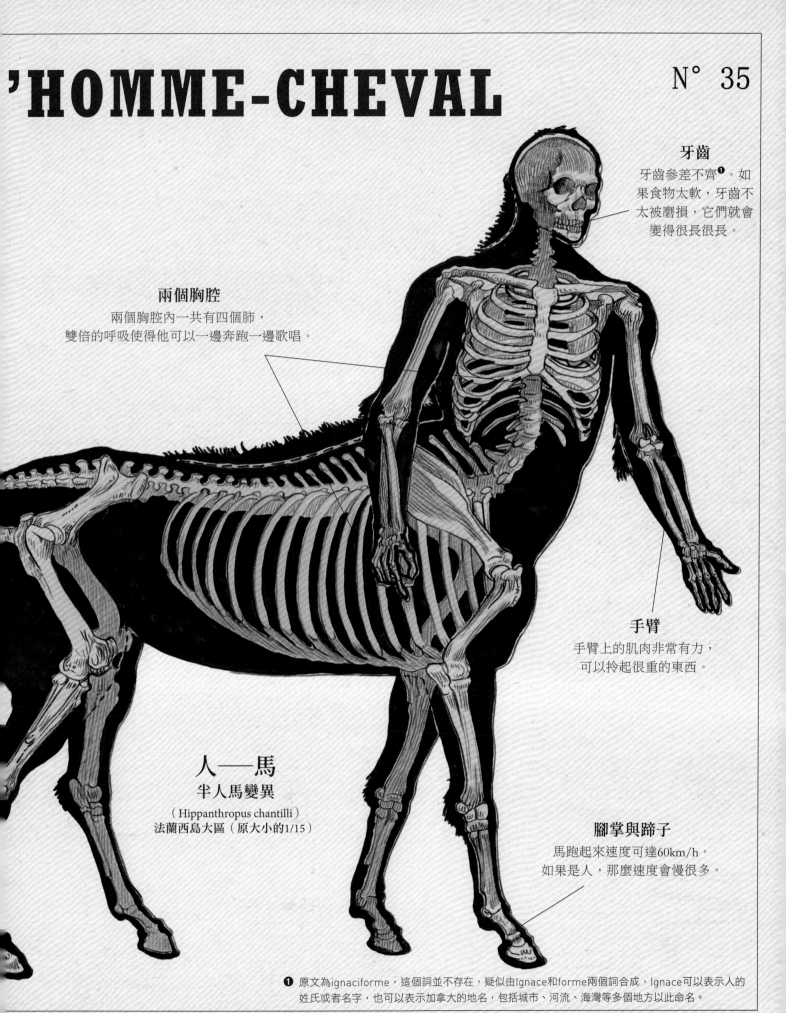

牙齒

牙齒參差不齊❶。如果食物太軟，牙齒不太被磨損，它們就會變得很長很長。

兩個胸腔

兩個胸腔內一共有四個肺，雙倍的呼吸使得他可以一邊奔跑一邊歌唱。

手臂

手臂上的肌肉非常有力，可以拎起很重的東西。

人——馬
半人馬變異

（ Hippanthropus chantilli ）
法蘭西島大區（原大小的1/15）

腳掌與蹄子

馬跑起來速度可達60km/h。如果是人，那麼速度會慢很多。

❶ 原文為ignaciforme，這個詞並不存在，疑似由Ignace和forme兩個詞合成，Ignace可以表示人的姓氏或者名字，也可以表示加拿大的地名，包括城市、河流、海灣等多個地方以此命名。

Cabinet des merveilles ~ MIRABILAE ~ Établissements DEYROLLE ~ 46, rue du Bac ~ PARIS 7ᵉ

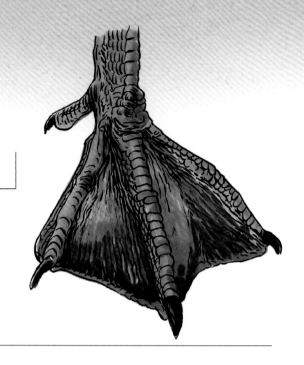

> 『功能造就了器官』，
> 這句話一直很流行，
> 但這句話最終被兩個世紀的生物學研究否定。

鴨子
Le canard
器官的用途

鴨子浮在水面上，用力拍打腳掌，這樣才能向前。因為不斷用力，促使一種靈敏的內在機制不斷發展，以至於長出了一種把腳趾連在一起的薄膜，於是，腳掌變成了腳蹼。拉馬克在19世紀時期描寫了這樣一種變形：「將腳趾與腳掌連在一起的薄膜，通過腳趾不停地張開、閉合，最終具有了一種伸展性。因此，隨著時間的流逝，連接鴨子、鵝等動物腳趾間的巨大薄膜變成了我們現在所看到的樣子。」當然，這並不是一種現實主義的描寫，而是拉馬克的一種假設。

在其出版於1809年的著作《動物學哲學》中，拉馬克發表了自己的變形論觀點。他在作品中強調現存的物種隨著時間的變化慢慢變形，最終會形成新的物種。他反對「固定論」，尤其是

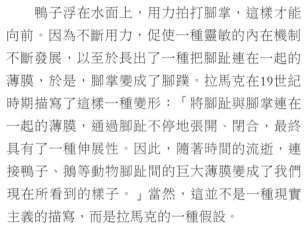

一對蹼足類動物，綠頭鴨。

居維葉代表的固定論觀點，他們認為物種從來不曾變化，物種現在呈現出來的樣子就是當初他們出現時的樣子。隨著越來越多的地質學以及古生物學的發現，越來越受到肯定的觀點是，地球遠比《聖經》所認為的要更加歷史悠久，某些物種曾經存在過，但是如今消失不見了。拉馬克以及其他一些博物學家認為，這些動物並不是滅絕了，而是變形了！因為教廷已經失去了自己的勢力，再也不能像過去那樣嚴格禁止這些觀點的表達，所以，拉馬克這種關於物種變化的假設顯得更加重要。

拉馬克想像這一物種變形的機制，從而提出了革新的觀點。他認為，動物依靠自己，根據自己生存中的需求改變了自己的器官。可以將其觀點用下面這句生動的話語進行總結：「功能創造了器官」。鴨子需要蹼，所以牠就長出了蹼！拉馬克利用有機體內部的液體流動所引發的變形來解釋這一現象：「有機體內部的液體隨著運動流動越來越快，從而改變了這些液體所在的細胞組織，繼而慢慢形成一些通道以及各種不同的管道，最終依據液體所在的組織狀態，生成不同的器官。」他認為某一個個體身上發生的變化會遺傳給其後代（這就是「獲得性狀遺傳」），並且，一代又一代，日積月累，最終會引起物種徹底的變

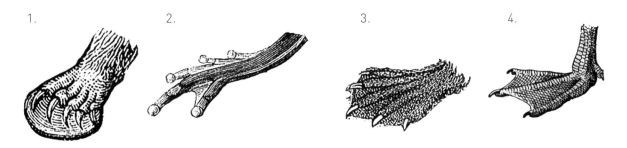

1.   2.   3.   4.

鱷魚（1），青蛙（2），哺乳動物（3，例如水獺、海狸）與鳥類（4）都有蹼足。

化。他以同樣的方式解釋了鳥類腳蹼的生成以及長頸鹿脖子變長的現象。

還有其他一些理論家不是這麼有名，例如約瑟夫·布雷西醫生，他在1804年提出氣候以及食物對於物種變形的重要影響：「這就是為什麼貓科動物慢慢變形成了猞猁、老虎以及獅子等不同的動物；如果豬的鼻子變長，腳掌在其龐大的身軀的重壓下變平，長出長長的牙齒、鬆弛而寬大的皮膚，豬就變成了大象。要使這一切發生，只需要極其炎熱的天氣、極其豐富而美味的食物以及好幾百年安逸的生活……黎巴嫩的雪松只不過是苔蘚的一個變種，大象不過是蚜蟲的一個變種。」他甚至認為食物的形狀對動物的外貌也有影響，「這就是為什麼鹿的腦袋上長著犄角，並且還保持著牠所食用的樹枝的形狀」。

拉馬克的觀點一開始受到了大家的攻擊，尤其是受到了居維葉的強烈批判，最終卻被廣為接受，至少在法國是這樣。法國的博物學家因此找到了一種對抗達爾文思想的方式，不僅僅是因為沙文主義，當然沙文主義其實是很重要的一個因素。事實上，拉馬克所提出的機制令人十分安心：動物需要一個器官，於是大自然就賜予牠一個。這個仁慈的大自然與宗教學家所說的上帝十分相似。從這一角度看，拉馬克的變化論與天主教教義十分吻合，只是它並不僅僅限於對《聖經》中的歷史與事件做字面的解讀。相反，達爾文提出的自然選擇論認為大自然是沒有情感的，一切都是因為偶然，至少在個體層面上如此。

如今，生物學家已經否認了動物因為自身的需要而發生變形的假設。根據現在的進化論觀點，因為偶然的變化，動物利用新出現的身體形態來發展新的行為方式，並不是「功能創造了器官」，而是「器官促使功能的發展」。但是，拉馬克認為動物因環境的壓力發生變形，極大地推動了進化論的普及，有益於揭示進化論與生態學之間的深刻關係。

拉馬克認為，長頸鹿脖子之所以這麼長，是因為牠不停地去吃高處的樹葉，這一觀點如今已經不再為大家所承認。

怪物與突變
Monstres et mutants
有希望的怪物

德國遺傳學家理查德·戈爾德施密特（Richard Goldschmidt, 1878-1958），他並不確信進化總是緩慢、漸進的。他認為真正符合人體構造的新器官與「有希望的怪物」（hopeful monsters）的出現有關係。他以此來稱呼某個發生了重要突變的生物個體，這一突變使其完全不同於自己的父母，從而獲得了一種選擇的優勢。雖然是偶然出現的現象，但是恰好與進化論符合，這些新的特徵又遺傳給他的後代。因此，他就成了某種新物種的始源。這一觀點看似有趣，但是戈爾德施密特最初的話語，即「有希望的怪物」，只是引起了同事的嘲笑而不是重視。他所說的宏觀突變應該不太可能出現，它們不可能成形，也不可能成活。

「突變」這個詞在日常用語中的含義與生物學家話語中的含義不一樣。對於科學家而言，突變只是一種呈現出變形的機制，即DNA的變化。從這一觀點看，我們每個人都是一個突變體，哪怕大部分時候表面看不出來，但是這絕對不是某個人的變形。突變發生在父親的精子或母親的卵子中，突變體天生每個細胞都攜帶了這些新的基因。

對於大眾而言，「突變」通常用於形容變異者，即那些可以變形、具有「超能力」的個體，例如漫威漫畫裡的X戰警，他們可以在短時間內隨心所欲地變形。唯一符合生物學原理的地方在於，他們的特徵可以遺傳給後代。他們具有催生新人類的潛能，這正是他們故事的核心。說到底，這些虛構的突變者似乎比狼人更符合戈爾德施密特所說的「有希望的怪物」。

戈爾德施密特的著作《進化的物質基礎》出版於1940年，書中提出的假設因為DNA的發現（1953年）被推翻，他的其他觀點也被遺傳學家否定。但是在某些方面，古生物學家史蒂芬·J·古爾德（1941-2002）卻比較認可他的觀點，古爾德對化石記錄在地層中存在明顯斷層（新物種的化石總是突然出現）這一現象提出了自己的理論，他部分地修正了達爾文的進化論。事實上，某些物種似乎的確是「突然」出現在世界上的，或說他們在相對進化過程而言的較短時間內發生了變形。在他看來，與胚胎成長機制相關的簡單突變可能會在成年人身上產生重要的影響。這些「同源性的變化」有可能迅速改變動物的內在結構，這是進化生物學領域中被研究得最多的課題之一，「有希望的怪物」從來就沒有徹底消失！

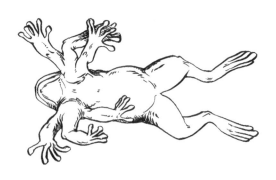

生長變化還是畸形，對於生物學家而言，差異非常重要，因為蛙怪的後代長什麼樣取決於此。

雙頭動物是很經典的一種怪物，但牠從來不是「充滿希望的」。

MÉTAMORPHOSE RÉGRESSIVE DU POULET N° 212

小雞的退化

我們的研究者越過科學的界限，把普通的小雞變成了可怕的太古時期的蜥蜴。他們重新啟動了先祖恐龍的基因，例如伶盜龍（迅猛龍）或始祖鳥的身體特徵，從而改變胚胎的發育。

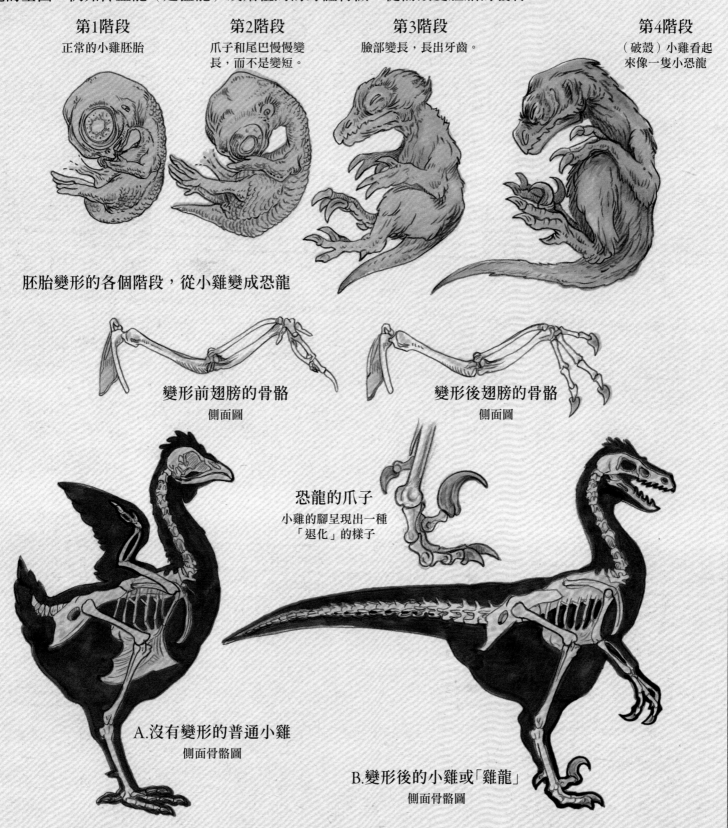

第1階段
正常的小雞胚胎

第2階段
爪子和尾巴慢慢變長，而不是變短。

第3階段
臉部變長，長出牙齒。

第4階段
（破殼）小雞看起來像一隻小恐龍

胚胎變形的各個階段，從小雞變成恐龍

變形前翅膀的骨骼
側面圖

變形後翅膀的骨骼
側面圖

恐龍的爪子
小雞的腳呈現出一種「退化」的樣子

A.沒有變形的普通小雞
側面骨骼圖

B.變形後的小雞或「雞龍」
側面骨骼圖

Musée scolaire ~ MONSTRARIUM ~ Établissements DEYROLLE, 46 rue du Bac, PARIS 7ᵉ

一般而言，人類並沒有造物的能力，
卻改變了世界，
並且讓馴養的動物發生了變化。

身體與精神
Les animaux domestiques

身體與精神

1841年，伊西多爾‧弗若魯瓦‧聖伊萊爾發現人類馴養家養動物的方式令人稱奇，「就像是第二次造物人類把大自然列於其身邊，冷漠或敵對的動物變成了自己的奴隸、同伴，有時甚至是朋友」。馴化對於動物進化的意義，達爾文對此也很感興趣，他認為，通過選擇以及準確的雜交，飼養者成功實現了對豬的「徹底改造」。

但是，如何相信西方威嚴的白豬實際上承襲了野豬的一些特徵呢？牠們看起來完全不同，無論是體形、模樣，還是鬃毛、顏色或行為。確定、區分動物時，動物學家的衡量標準並不關注動物外貌的相似性，而是關注潛在的雜交性。在豬這一案例中，實驗的結果確定無疑，以至於雜交豬，即家養豬與野豬雜交的後代有時在森林裡可以取代野豬。

有時家養的豬比野豬個頭更大，牛的情況則不同，大部分家養的牛都比原牛小，原牛是家養牛的祖先，牠的身體長度超過2公尺。至於家養的兔子，弗朗德倫的大野兔重達1公斤，也就是最小家養兔的體重的10倍，最初的家養兔的平均體重是2公斤。

同樣，從動物學角度看，所有的狗都屬於同一種動物，牠們有一個共同的祖先，那就是狼，雖然看起來狼至少經歷了兩次馴養，分別在亞洲與歐洲。這兩個不同地方的狗又相互雜交，至少理論上如此，因為必須考慮到不同狗的不同身體特徵。沒有人會把一隻聖伯納犬與吉娃娃小狗交配，因為顯然牠們的體形不相配。不同的狗在體形、外貌、毛色以及行為等方面差別很大。人類是怎樣把狼變成了如此多種各不相同的狗的呢？

目前大約有 850 種綿羊，牠們似乎源於同一種野生羊，
1 萬 1 千年前被馴養的盤羊。

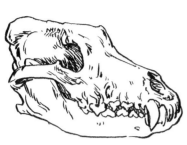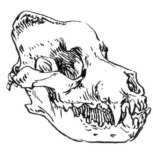

狼在被馴養的過程中發生的變形非常令人吃驚，但是狼的頭骨結構（左）一直都保留在哈巴狗的頭骨中（右），中間分別經歷了聖伯納犬、拳師犬以及京巴犬這三個不同的形態。

例如貴賓犬、阿圖瓦短腿獵犬以及鬥牛犬。

在馴養之初，最早的馴養者還未開始有意識地選擇動物，但是動物本身就已經要面對諸多新的生存條件，逃脫追捕倖存下來的動物是那些可以忍受這樣的生存方式，以及可以忍受人類存在的動物。除了這一「自主」選擇，還有馴養者進行的篩選，在繁殖期，馴養者肯定會很快淘汰某些動物，從而留下另外一些動物。他們選擇留下最小的原牛和野豬，因為這些動物危險係數小，或留下毛最長、最柔軟的山羊。

無論是狗、豬，還是兔子、山羊，馴養都使牠們出現了一些相似的特徵，例如，有斑點的茸毛、低垂的耳朵，彷彿牠們的變化都朝著同一個方向進展。從基因層面看，也可以認為毛色與動物的行為之間存在關聯性，這是因為黑色素的作用，這種物質產生於基因控制的過程中，它會對毛色和行為產生影響。同樣，如果變化觸及甲狀腺，那麼就會產生體形更小、更安靜的垂耳朵動物。

通過對銀狐飼養的嚴格控制，一些俄羅斯生物學家曾試圖重新構建狐狸的變化過程。他們盡力選擇更不易緊張、對人類更友好的狐狸。不出十代，他們就培育出了長著斑點的狐狸，脾性友好，還會像狗那樣搖尾巴。這種變形在野生動物的馴養過程中總是會出現，只需要幾年時間就能實現！比起故事中的變形，這種變形並不是那麼隨興，但是比我們想像的要快很多。

家養的斑點兔。

馴養讓狼變成了狗。那麼猴子變成了人，難道是因為人類的自我馴養？

可笑的諷刺形象、凶惡的影子
抑或是最相近的表親？
猴子總是被比作人，
大概是因為人本來就屬於猴子的一種。

猴子
Le singe
不受歡迎的表親

朱庇特一心要懲罰柯寇佩斯人的背信棄義，讓他們變形，「使他們看起來既像是人又不像是人」。雖然他並沒有說出這種動物的名字，但奧維德清楚地指出這種動物其實就是猴子，與人類最相像的動物，但是又算不得是人，因為牠們只能發出「尖銳的叫聲」來表達自己的情緒，別無其他方式。在詩人看來，會不會使用語言正是區分人與動物的根本標準。

對於大部分作家而言，人變身為猴子有一種特別的意義。19世紀時，保羅·塞比洛講述了許多關於「二元式」造物的故事，魔鬼想要與上帝的造物工作競爭，但是最後只造出一些粗糙而可笑的複製品、品質低下的贗品或「不祥的偽造物」：綿羊成了狼的樣子，兔子成了黃鼠狼的樣子，人則成了猴子的樣子。並且，猴子的出現有時被認為是（上帝）第一次試圖創造人的結果，可能是失敗了或沒有完成的試驗。這樣的故事在布列塔尼廣為流傳，在那裡，魔鬼的一個別稱是marmouz Doué，即「上帝的猴子」。

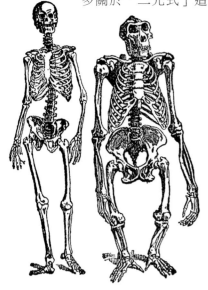

人類的骨骼和大猩猩的骨骼。動物學家會根據自己的目的，故意選擇凸顯兩者的相似性或者差異性。

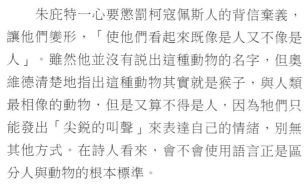

作為「人類的諷刺形象」，猴子經常又被視作與人類最相似的動物，並不是因為進化論的觀點。但是布豐反對這一觀點。他認為，猴子不如狗和大象聰明，「只需要好好訓練狗和大象，就可以讓牠們明白溫柔而細膩的情感，例如忠誠感、主動的順從、免費的服務以及無私的奉獻。因此與大部分動物相比，猴子是與人最不相似的動物……說到底，猴子本質上只是動物，表面看上去戴著人類的面具，但是內裡根本沒有什麼思想，也沒有任何人的特質」。猴子與人之間的相似性讓人害怕，是因為牠可能揭示了人類原初的模樣。

不管怎樣，這一相似性對於一個真誠的觀察者而言十分確信的是，它促使許多故事、神話講述這種親緣性的關係。有時認為人是從猴子變來的，例如在西藏，那裡有一個非常著名的創世紀神話，認為西藏最早的居民是兩隻猴子交合的後代。一隻猴子叫做強秋森巴，他是四臂觀音的化身，另一隻猴子叫做札姆札松，她是山裡的吃人妖怪。因為想引誘他，所以她就變身為一隻猴子。他們生了六隻小猴子，這便是藏族的祖先。有時觀點恰恰相反，認為猴子是從人變來的，通常是因為人類犯錯受到懲罰，例如卡比爾的一個故事講述了一個小男孩因為聽從造物之母的壞意見，所以被變成了猴子。

1616年，義大利哲學家盧西利·瓦尼尼發表一

個觀點，認為人類與動物有親緣關係，這是「一種從最卑微生物變成最高等生物的漸變過程」。三年後，這位哲學家因「褻瀆神明、無神論等罪行」遭受圖盧茲議會的審判，他的舌頭被拔掉，繼而被火活活燒死。耶穌會士加拉斯以對無神論者和異教徒的批判而令人生畏，他如此說道：「某些頭腦正常的異教徒認為人是猴子交配的後代，之後受文明的教化，越來越完美，最終變成人的樣子……如果世界上有什麼動物生下了人，那應該是猴子。瓦尼尼是歷史上可惡至極的惡棍，姑且不論該隱、猶大或者卡波克拉這些人。」

依據亞里斯多德的觀點，德拉・波塔認為，如果人的耳朵與某種猴子的耳朵相似，那麼這應該是一隻淫蕩的猴子（《人類的面貌》，1655）。

　　瓦尼尼的命運解釋了為何後來幾個世紀的博物學家，提到人類起源的問題時，總是十分小心謹慎。19世紀時期，他們總算能稍微自由地創作一些東西，博物學為讀者講述的故事比一般的傳奇故事更加有趣，但也更加擾人，因為那些故事很可能是「真實的」。因此，拉馬克這樣思考猴子如何變成了兩足動物：「因為想要俯瞰世界，同時想要看得更遠、更廣，猴子就盡力直立身體，一代一代，慢慢這就變成了一種習慣。」這些猴子佔據了所有適宜牠們生存的地方，阻止其他動物繁衍生存。最終，「這一已然獲得對其他動物絕對統治權的優越物種，在自己與其他最完美的動物之間造就了一種差異性，從某種程度上而言，這也是一種巨大的距離」。雖然此時的教廷已經失勢，但是依然沒有放鬆警惕，拉馬克最後忽然突兀地總結說，這一切都與人無關，因為人類的起源不同。對此我們沒有更多的瞭解，因為拉馬克沒有向讀者再提供其他的解釋。

　　50年後，達爾文將面對同樣的問題，他先描

猴子具有模仿的能力，這經常被視作牠們的特徵之一，這種能力在人的身上也十分常見！

述、揭示了物種的進化。正是在1871年，即《物種起源》一書出版12年後，達爾文發表了專門研究人類進化的著作《人類的由來及性選擇》。與大家認為的觀點相反，他並沒有寫「人從猴子進化而來」，他顯然知道，這種特定的猴子並不存在，人類並不是從現存的動物進化而來，也不是從大猩猩、長臂猿或者獼猴進化而來。他是這樣寫的：「人類是從某種長著尾巴與尖耳朵的多毛哺乳動物進化而來，這種動物很可能曾經生活在古時的森林裡。」一個半世紀以後，隨著生物學以及古生物學的發現，這一觀點依然成立。

　　在達爾文所處的時代，某些博物學家以及一部分讀者接受他的理論，但是其他人則因此而憤怒，例如博物學家路易士・阿格西，他認為「上帝的靈感不會這麼貧乏，以至於為了創造一個富有理性的人，他不得不把一隻猴子變成人」。這種醜聞讓人類與前世的猴子聯繫在一起，當然，製造這一醜聞的達爾文並沒有逃脫許多漫畫家的諷刺，他們把他畫成猴子，或者將其身體的某些部分畫成猴子的樣子。

人類區別於其他靈長類動物的地方在於大腳趾無法抓握。

蝴蝶、青蛙、美西螈，
這些動物讓人思考自身的變形，
就好像我們人類也是某種生物的幼體狀態，
必然會變得更加完美！

超人類
Le surhomme
超越成年人狀態

「有一段時間，我一直都在思考美西螈。我經常去植物園看被安置在玻璃缸裡的牠們，待上幾個小時觀察牠們，觀察牠們一動也不動的樣子以及輕微移動的樣子。現在，我自己也成了一隻美西螈。」1963年，胡利奧·科塔薩爾在他的短篇小說《美西螈》中，如此描述自己變成墨西哥洞窟裡的兩棲動物：「我把臉緊貼著魚缸，不停地用眼睛去揣測這些沒有虹膜、沒有眼瞼的金色眼睛的祕密。我非常近地觀察一隻停留在魚缸玻璃邊的美西螈的腦袋。沒有任何過渡，沒有任何

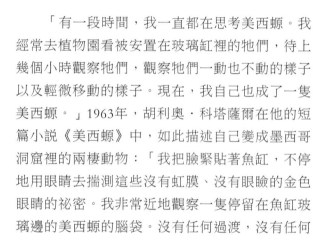

成年後的美西螈依然
保留著年幼時的鰓，
以及水生生活方式。

訝異，我看到自己的臉貼在玻璃上，而我從玻璃缸外面、從玻璃缸的另一邊盯著牠。」

敘事者的靈魂已經進入了美西螈的身體，他看見自己以前的人類軀體慢慢消失，最終變成了美西螈的樣子。這並不是真正的變形，而是人與動物之間兩種意識的交換。這種情況讓人覺得可怕，尤其美西螈並不是一種惹人喜愛的動物。科塔薩爾書寫的可怕經歷發生的時間，距最初巴黎從墨西哥引進美西螈這一事件正好隔了一個世紀，當時這些美西螈被安置在巴黎自然博物館的玻璃缸裡。這種生活在地下河流中的蠑螈與其他同類有一種明顯的區別性特徵：當牠慢慢成熟，能夠進行繁殖時，牠依然處於幼體狀態，這種現象被稱為幼態持續。因此，美西螈通常並不會發生變化！

與成年體相比，美西螈幼體的腦袋相對比身體要大一點，但是幼體都是四足動物。牠們的變形，比起蝌蚪的變形就沒那麼令人吃驚了。所謂的變形主要涉及呼吸方式，因為幼體使用鰓呼吸，而成年體則長著肺。其他方面的變化在於身體大小的變化，這與大部分動物差不多。成年的美西螈依然保留幼體時期的鰓，所以牠們不會離開水。這種現象，是因為牠們身體的正常發育與生殖系統的成熟彼此脫節。但是，這種非變形狀態也不是絕對的：如果給牠注射甲狀腺激素，或

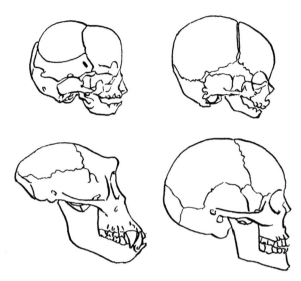

剛出生的大猩猩的顱骨與人類新生兒的顱骨十分相似，但是之後它的形態就發生了巨大的變化。而人類的顱骨雖然也慢慢變大，但是整體的樣子基本沒有變化。

者在特殊的生存條件下，美西螈就會和牠的其他蠑螈同類一樣發生變形，即完全變態。牠會失去鰓，開始用肺呼吸。

　　同樣的現象在其他種類的動物中也可以發現，尤其是在靈長類動物身上。大猩猩出生時，臉很小，顱骨向前突出，這使得牠看起來比成年的大猩猩更像人。之後，牠的臉部慢慢變長，臉與顱骨相比顯得特別大。兩者之間的相對比例變化這麼大，以至於可以將其視作一種變形。在人類身上，這一比例從新生兒到成年人也有一定的變化，但是成年人一直都保留著年幼時的樣子——圓形的腦袋，小而平的臉。這一生長狀態讓人想起美西螈幼態的延續，正如1926年荷蘭生物學家路易斯·伯爾克所提出的那樣。

　　可是，人類是何種生物的幼態呢？如果人類的生長發育在15歲到20歲之間還不能結束，又會發生怎樣的變化呢？人類是否會繼續向成年狀態發展，最終變成所謂的「超成人」？就像大猩猩一樣，可以想像人的臉以

及下頜可能變得更大。美國的電影拍攝了許多超成人，或者說「超人類」，例如美國隊長。他堅硬的下頜顯然是因為過度的生長，但是與之同時發生的卻是青春期的滯緩。這一人物對性十分謹慎，更加說明他身上一種人類的幼態延續。從好萊塢的觀點看，美國隊長這種與大猩猩的相似性可能是無意為之。

　　《美西螈》也是另一個與變形相關的故事題目。這故事創作於1954年，美國作家羅伯特·阿伯納西描寫了一位宇航員太空人的旅行，他是第一個被送上太空的人。因為宇宙射線的影響，他發生了變形，就像美西螈如果置身於合適的環境中會發生變形一樣：「生物學家告訴我們，人類只不過是一種發展遲緩的胚胎，一種慢慢衰老但是又永遠不能抵達成年狀態的胎兒。現在我明白個中緣由了，這是因為成熟所需的條件、命運發生轉變的條件在地球上不存在。」主人公失去手腳和肺，成了一個超人，通過心靈感應術，邀請他的未婚妻以及同事來太空與他會合，這樣，他們的孩子就可以像他一樣在星星之間遊玩。

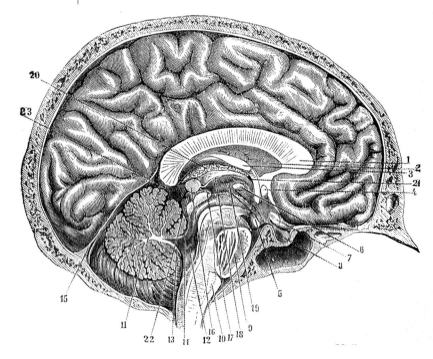

人類的大腦有時會被描述成世界上最為複雜的器官，這自然是一種推測。

談過了動物與植物的變形，
人類自己也很想變形，
但是人類在變形時
能將我們自身的人性保留下來嗎？

未來人
L'homme de demain
夢想的變形

　　1756年，法國醫生查爾斯-奧古斯丁·范德蒙德提出要「完善人類」，正如當時依照飼養者的需求改變狗、牛或者馬的品種一樣，范德蒙德認為這些家養動物是通過物種之間的雜交得以改進的，所以他支持人種之間進行雜交，他認為人類可以從中獲得好處。這位醫生是法國最早主張人種改良的人，但他的種族主義傾向並不很強烈，不像他的後繼者們，他們主張滅絕與他們不一樣的人。另外，這位醫生的作品其實是一部供父母使用的衛生手冊，是為了讓孩子能擁有一個健康的體魄，實際上這也的確有利於人類的「完善」。

　　當時，許多作家都深入探討了這一話題。在書店可以發現以下這些書：《孕育、生養漂亮孩子的方法》，克勞德·奎爾著（1749年出版，翻譯自1655年的一本英文著作）；《改進、完善人的藝術》，婦產科醫生雅克-安德烈·米洛特著，他在1801年極力鼓吹「性別選擇」，即如何選擇孩子性別的藝術；《孕育的祕密，主動確定孩子性別的藝術，生育聰明、漂亮、健康、強壯的孩子的藝術》，莫雷爾·德·呂邦普雷著於1829年。這些書本來是為了教育年輕的夫婦，但是經常會談及人類的未來。

　　到了19世紀，這一話題變得越發重要，尤其當時曾經出現過「人類衰退」、「人類變種」、「人類滅絕」的恐慌。我們可以從醫生本尼迪克特-奧古斯丁·莫雷寫於1857年的《論人類身體、智力與道德的退化，以及引起這些不同病變的原因》中瞭解當時的狀況。醫生多少有些天真的理想，反諷地與一些公然支持種族主義的作家——例如戈比諾、瓦謝·德·拉普熱——的觀點交織在一起，他們的著作在人種改良主義思想的發展過程中具有重要的作用。

　　軍醫查爾斯·比奈-桑格樂於1918年出版《人種場》，書中他極力鼓吹理性的婚姻，主張「繁殖一定要符合嚴格的衛生學標準」。交配者一定要接受身體與智力的深入檢查，然後集中到人種場，繼而與「國家民族的精英以及外國的交配者」交配。根據他的統計資料，預計「4320名菁英女性每年可以懷孕」。根據種馬場觀察到的結果，以及對一些布列塔尼島上居民的觀察，他主張血親交配甚至是亂倫關係，因為他確信「如果在性關係中有抵觸情緒，最好還是避免發生性關係，孩子一定得是愛的結晶或者至少也應該是性慾的結晶」。顯然，「通姦罪應當從刑法典中消失」，至少對於那些被許可的生育者而言應當如此。同時，他還主張「建立一個安樂死協會，在那裡，疲於生活的退化者可以借助一氧化二氮，即笑氣，實現安樂死」。只有這樣，「人類生殖」才可以造就「強壯、平衡、智慧、充滿能量以及仁慈的人」，從而避免「動物式交配產下

的殘次品：殘疾人、病人、畸形人、罪犯、無紀律的人、宗教教徒、蠱惑人心的人、厚顏無恥的政治家、無能的領導者」……同樣是這位作家還對雜誌《醫學進步》提出了批評。

並不是所有的人種改良主義者都會有這樣極端的觀點，但是許多人都支持達爾文的觀點，雖然他們的闡釋多少有些不準確。他們把自然選擇理論用於人類社會，而達爾文向來都拒絕這樣的做法，因為他認為人類的進化與利他主義思想的發展密切相關。相反地，那些人種改良主義者認為，尤其不應當去幫助窮人，無論是在經濟上還是在醫療上，因為這樣的行為違背了選擇的「自然性」，這些人本應當滅絕。並且，因為這些人「生而」貧窮，他們比富人生養更多的孩子，所以他們只會讓整個社會更加退化。人種改良主義者集結了仇外派以及極端自由主義者，共同反對窮人以及外來者。

當時，最受歡迎的人種改良宣揚者是亞歷克西·卡雷爾醫生，他是1912年的諾貝爾醫學獎獲得者。在著作《人，這個陌生者》中，他闡釋了自己的觀點：「顯然，每個種族都應當延續其最優秀的基因……人種改良主義可以極大地影響文明人的命運……事實上，那些從祖上遺傳了瘋癲、智障和絕症的人不應當結婚……」他希望能借助一種「自覺自願的人種改良主義」，建立一個「生物遺傳的貴族階級」。

1900至1939年間，人種改良主義的相關法律在某些國家被通過，例如美國、挪威、瑞士，當然還有納粹德國。成千上萬的人被屠殺，包括罪犯、酗酒者、精神病人，以及患有其他疾病或天生畸形的人。第二次世界大戰期間，納粹施行「積極的」人種改良計畫，推動所謂的合法的結合，以此來完善日爾曼民族。好幾千名孩子出生在生命之泉❶，這是一項旨在締造「純淨的雅利安」血統的優生優育計畫。

戰爭結束後，由人種改良主義引發的恐怖使其完全失去了「進步的」色彩。然而，種族清洗運動在很長時間內一直存在，美國一直持續到

1972年，瑞典一直持續到1976年。

到目前為止，改變人類這一想法一直很興盛。人種改良主義的勢頭依舊很強大，既是為了攻破嚴重的遺傳病，也是為了促進「優質」寶寶的出生。但是在這兩種情況下，期待通過改變胎兒的基因取得進步的想法並不實際，並且很危險，尤其是因為潛在的不可預測或者被低估的嚴重後果。

但是，這些改良項目並不止於遺傳學。科學技術為我們展現了新的改良人種的方法，既是生物的又是技術的。生物技術、奈米技術、資訊學以及神經科學相互結合，通過身體組織的無限繁殖、智力與身體能力的極大提高，為我們展現了人類超乎尋常的變形的遠大前景。

幾年前開始，這一「超人類」的概念侵佔了電影領域、文學領域，以及跨國醫藥實驗室。通過移植自體組織的細胞可以「修復」人的身體，就像移植晶片一樣，這預示著「強化人」出現的可能性，他的大腦將被連接到一台超級電腦上，而身體則由外骨骼支援。在超人類主義先行者看來，這種自我——變形將與機器的「人性化」結合在一起，機器將擁有自我意識，並且能夠做出理性的選擇、感受到情感。

當然，並不是所有人都相信如此「光明的」未來。某些技術手段目前還沒有辦法實現。而且，如果這種變形只觸及菁英，那麼它最終會導致一種新的人種改良主義。

即使某些生物技術的研究看似前途一片光明，它們也不太可能解決大部分人在日常生活中遇到的困難，或者是全球性的生態、外交問題。隨著醫學與技術的進步，我們可以設想另一種變形，更加適度的變形，既是個人的也是集體的，它會讓我們改善自己與周遭世界、與其他動物的關係，它也會讓我們改變對自身的看法、對別人的看法以及對人與人之間關係的看法。

自我修復、自我生長的人……

---

❶ 生命之泉（德語：Lebensborn e. V.）是納粹德國的一個黨衛隊和具政府背景的註冊機構，成立於1935年，其目標是按照納粹種族優生理論進行試驗，以提高「雅利安人」子女的出生率。生命之泉安排未婚婦女匿名生育，並讓這些孩子由「種族純潔健康」的父母領養，這些孩子大多被送至黨衛隊成員的家庭中。

參考文獻

Abernathy Robert, L'axolotl, in Histoires
de cosmonautes, Livre de Poche, 1974

Apulée, L'âne d'or

Argentré (d') Bertrand, L'Histoire
de Bretagne Rennes, 1582

Bernardin de Saint-Pierre, Études
de la nature, T 5, Paris, 1792

Berthelot Francis, La métamorphose
généralisée : du poème mythologique
à la science-fiction, Nathan,1993

Blondel Jacques, Dissertation physique sur la force de l'imagination des
femmes enceintes sur le fetus, Leyde,
1737

Bodin Jean, De la démonomanie
des sorciers, Anvers, 1586

Boguet Henry, Discours exécrable
des sorciers, Rouen, 1606

Bonnecase Denis et Anne-Marie
Tatham, La métamorphose : définitions, formes, thèmes, Gérard
Monfort, 2009

Bourquelot Félix, Recherches
sur la lycanthropie, Paris, 1849

Bressy Joseph, Théorie de la contagion et son application à la petite
vérole,
à la vaccine, à leurs inoculations
et à l'hygiène, Paris, an XII

Buffon, Histoire naturelle, Paris, 1749,
1769 et 1783

Calmet Augustin, Dictionnaire
historique, critique, chronologique,
geographique et litteral de la Bible,
Paris, 1730

Calmet Augustin, Traité sur les apparitions des esprits, et sur les vampires
ou les revenans de Hongrie, de Moravie, Senones, 1759

Carrel Alexis, L'homme, cet inconnu,
Paris, Plon, 1935

Charnier Brigitte, Le temps marqueur
de la tradition orale, Université
Stendhal 3, Grenoble

Chateaubriand (de) François-René,
Mémoires d'outre-tombe, Paris, 1821

Claude Quillet, La Callipédie, ou la
manière d'avoir de beaux enfans,
Amsterdam, 1749

Cortazar Julio, L'axolotl, in Armes
secrètes, Gallimard, Paris, 1963

Cousin-Despréaux Louis, Les leçons
de la Nature ou L'histoire naturelle,

la physique et la chimie présentées
à l'esprit et au cœur, Paris, 1829

D. (d'Aulnoy) Madame, La Biche
au Bois in Contes nouveaux ou
Les Fées à la mode, Paris, 1698

Darribeau-Rémond Cécile, De
l'homme et de l'animal : quelques
métamorphoses dans la littérature
arthurienne des XIIᵉ et XIIIᵉ siècles,
Littérature, 2007

Darrieussecq Marie, Truismes, P.O.L,
1996

Darwin Charles, De la variation des
animaux et des plantes sous l'action
de la domestication, Paris, 1868

Darwin Charles, La filiation de
l'homme et la sélection liée au sexe,
Champion Classiques, 2013

Darwin Charles, Vie et correspondance, Paris

Delisle de Sales Jean, De la philosophie de la nature, ou traité de morale
pour l'espèce humaine, Londres, 1777

Dietrich, M. R., Richard Goldschmidt:
hopeful monsters and other « heresies ». – Nature Reviews Genetics, 4:
68–74, 2003

Drogi Pierre et Ambre Dubois,
Métamorphoses, Le Pommier, 2008

Duret Claude, Histoire admirable des
plantes et herbes esmerveillables et
miraculeuses en nature, Paris, 1605

Fabre Jean-Henri, Souvenirs entomologiques, Paris, 1879

Fabry-Tehranchi Irène, Comment
Merlin se mua en guise de cerf,
www.revue-textimage.com

Fénelon, Dialogues des morts

Figuier Louis, Le lendemain de
la mort, ou La vie future selon la
science,
Paris, 1904

Figuier Louis, Les insectes, Paris,1867

Fischer Jean-Louis, Buffon et les
théories de la génération au XVIIIᵉ
siècle, Eduscol, 2003

France (de) Marie, Lais de Marie de
France, traduction, présentation,
traduction et notes de Laurence Harf-
Lancner. Paris, Librairie générale
française, 1990

Frontisi-Ducroux Françoise,
L'homme-cerf et la femme-araignée
: figures grecques de la métamorphose,
Gallimard, 2003

Fuzelier, Louis et Legrand, Marc-
Antoine, Les animaux raisonnables
in Les contemporains de Molière,
recueil de comédies rares ou peu
connues, jouées de 1650 à 1680,
avec l'histoire de chaque théâtre,
Firmin Didot, Paris, 1863,

Gabriel Jouard, Des monstruosités et
bizarreries de la nature, Paris, 1806

Garasse François, La doctrine
curieuse des beaux esprits de ce
temps ou pretendus tels, contenant
plusieurs maximes pernicieuses à
l'Estat, à la religion, & aux bonnes
Moeurs, combattue et renversee par
le P. François Garasssus
de la Compagnie de Iesus, Paris, 1623

Geoffroy Saint-Hilaire Étienne,
Principes de philosophie zoologique,
Paris, 1830

Geoffroy Saint-Hilaire Isidore,
Essais de zoologie générale ou
Mémoires et notices sur la zoologie
générale, l'anthropologie et l'histoire
de la science, Paris, 1841

Goethe (von) Johann Wolfgang,
La métamorphose des plantes,
Genève, 1829

Gould Stephen J., Le pouce du panda,
Seuil, 1980

Grange Isabelle, Métamorphoses
chrétiennes des femmes-cygnes: Du
folklore à l'hagiographie, Ethnologie
française nouvelle serie, T. 13, No. 2
(avril-juin 1983), pp. 139-150

Grimm Jacob et Wilhelm, Le Roi-Grenouille, in Contes

Harf-Lancner Laurence, Métamorphose et bestiaire fantastique au
Moyen âge, Ecole normale supérieure
de jeunes filles, 1985

Homère Odyssée livre X

Joubert Laurent, Erreurs populaires
et propos vulgaires touchant la
medecine et le régime de santé,
Paris, 1586

Kafka Franz, La métamorphose

Lacoste Jean, La métamorphose
des plantes, Littérature 86-2, 1992

Lajoux Jean-Dominique, L'homme
et l'ours, Glénat, 1996

Lamarck (de) Jean-Baptiste, Philosophie zoologique, Paris, 1809.

Langelaan George, La mouche in Nouvelles de l'Anti-Monde, Marabout, 1966

Le Fanu Sheridan, Carmilla

Le Goff Jacques et Le Roy Ladurie Emmanuel, Mélusine maternelle et défricheuse. Annales. Économies, Sociétés, Civilisations Année 1971 Volume 26 Numéro 3 pp. 587-622

Le Guin Ursula, La main gauche de la nuit, Le Livre de Poche, 2006

Léonard Jacques, Les origines et les conséquences de l'eugénique en France, Annales de démographie historique, 1985-1, 1986

Lévi Nicolas, Le De Rervm Natvra de Lucrèce, ou la subversion épicurienne de la révélation pythagoricienne des Annales d'Ennius, Revue de philologie, de littérature et d'histoire anciennes 1/2008 (Tome LXXXII) , p. 113-132

Lorrain Jean, La Forêt bleue, Alphonse Lemerre, Paris, 1882

Lucrèce, De la nature

Luzel François-Marie, Contes populaires de Basse-Bretagne, Paris, 1887

Maillet (de) Benoît, Telliamed ou Entretiens d'un philosophe indien avec un missionnaire françois sur la diminution de la mer, la formation de la terre, l'origine de l'homme, etc., Amsterdam, 1748

Ménabréa Léon, De l'origine, de la forme et de l'esprit des jugements rendus au Moyen-Âge contre les animaux, Chambéry, 1846

Métamorphoses, Cahiers de littérature orale N° 55, 2004

Michelet Jules, Histoire de France au dix-septième siècle: Henri IV et Richelieu, Paris, 1857

Nicolas Malebranche, De la recherche de la vérité, Livre 2 : De l'imagination, Paris, 1675

Nynauld (de) Jean, De la lycanthropie, transformation et extase des sorciers, Paris, 1615

Olaus Magnus, Histoire des pays septentrionaus, Anvers, 1561

Olivier Guillaume-Antoine, Encyclopédie méthodique. Histoire naturelle. Insectes, Paris, 1791

Pairet Ana, Les mutacions des fables,

Figures de la métamorphose dans la littérature française du Moyen Âge, Champion, 2002

Paré Ambroise. Œuvres. Paris, 1582

Pasteur Louis, Œuvres, réunies par Pasteur Valléry-Radot, tome VI, Paris, 1933

Pastoureau Michel, L'ours, Histoire d'un roi déchu, Seuil, 2007

Platon, Timée ou de la nature,

Pline l'ancien Histoire naturelle Livre huit

Plutarque, Œuvres morales. Que les bêtes ont l'usage de la raison

Poirotte Clémence & al., Morbid attraction to leopard urine in Toxoplasma-infected chimpanzees, Current biology, 26-3, 2016

Pouchet Félix-Archimède, L'univers : les infiniment grands et les infiniment petits, Paris, 1868

Pouchet Félix-Archimède, Nouvelles expériences sur la génération spontanée et la résistance vitale, Paris, 1864

Princesse-Grenouille (La), La Farandole, 1976

Quatrefages (de) Armand, Métamorphoses de l'homme et des animaux, Paris, 1862

Réaumur (de) René, Mémoires pour servir à l'histoire des insectes, Paris, 1736

Robert le jeune, Essais sur la mégalanthropogénésie ou l'art de faire des Enfans d'esprit, qui deviennent de grands-hommes

Robinet Jean-Baptiste, Vue philosophique de la gradation naturelle des formes de l'être, ou les essais de la nature qui apprend à faire l'homme, Amsterdam, 1768

Schmitt Stéphane, L'œuvre de Richard Goldschmidt : Une tentative de synthèse de la génétique, de la biologie du développement et de la théorie de l'évolution autour du concept d'homéose, Revue d'histoire des sciences, 53-3, 2000

Sébillot Paul, Le folklore de France, T.3 La Faune et la Flore, Paris, 1904

Sébillot Paul, Traditions et superstitions de la Haute-Bretagne, Paris, 1880

Sévigné (Marie de Rabutin-Chantal,

marquise de), Lettres de Madame de Sévigné, de sa famille et de ses amis, Hachette, Paris, 1862

Steépanoff Charles, Devenir-animal pour rester-humain. Logiques mythiques et pratiques de la meétamorphose en Sibeérie meéridionale, Images Revues, 6-2009, www.imagesrevues.revues.org

Stoker Bram, Dracula

Swammerdam Jean (Jan), Histoire générale des insectes, Utrecht, 1682

Urbani Brigitte, Vaut-il « mieux mille fois être ânes qu'être hommes » ? Quelques réécritures de La Circe de Giovan Battista Gelli, in Chroniques italiennes, Études réunies par Denis Ferraris et Danièle Valin, Université de la Sorbonne Nouvelle, 2002

Uvier Jean (i.e. Johann Wier), Cinq livres de l'imposture et tromperie des diables : des enchantements & sorcelleries, Paris, 1569

Van Helmont Jan Baptist, Les œuvres de Jean Baptiste Van Helmont traittant des principes de medecine et physique pour la guerison assurée des Maladies. De la traduction de M. Jean Le Conte, Lyon, 1670

Vandermonde Charles Alexandre, Essai sur la manière de perfectionner l'espèce humaine, Paris, 1756

Vanini Neapolitani, Iulii Cæsaris, De admirandis naturae reginae deaeque mortalium arcanis, Lutetiae, 1616

Vaugeois J. F. Gabriel, Histoire des antiquités de la ville de L'Aigle et de ses environs, L'Aigle, 1841

Ville (de) Charles Emanuel, Estat en abrégé de la justice ecclesiastique et seculière du pays de Savoye, Chambert, 1664

Viret Pierre, Dialogues du désordre qui est à présent au monde, Genève, 1545

Viret Pierre, Metamorphose chrestienne, faite par dialogues, Genève, 1561

Voltaire, Dictionnaire philosophique, Londres, 1769

作者簡介

讓-巴普蒂斯特・德・帕納菲厄 *Jean-Baptiste de Panafieu*

雖然讓-巴普蒂斯特・德・帕納菲厄並沒有親身經歷過可怕而徹底的變形，例如像蛹那樣的變形，他還是有過許多類似於蛻變的經歷，尤其是在青春期快結束時，身體毛髮忽然生長，眼鏡成了必需的隨身物品，以及在這段時期內，他放棄了自然科學教授的工作，成了一位科普作家。

之後，他出版了60多本關於自然與科學的著作，主要是寫給青少年或者普通讀者看的書。他同時還策劃展覽、設計版圖遊戲、創作劇本以及科幻小說、做講座，所有這些都圍繞他自己喜歡的主題展開，例如進化、史前史、生態學、食品或者動物。

最近出版的著作
- 《醒來》，Gulf Stream，2016
- 《善於欺騙的動物》，Gulf Stream，2016
- 《帽子，腦袋！》，Casterman，2015
- 《進化大冒險》，Milan，2014
- 《博物學家的神祕動物圖鑑》，Plume de Carotte，2014
- 《骨骼史》，Gallimard，2012
- 《人-獸，內在的動物園》，Gulf Stream，2010
- 《演化》，Xavier Barral，2011

卡米耶·讓維薩德 *Camille Renversade*

　　卡米耶·讓維薩德是「奇幻學家公子」（Dandy chimaerologicus）家族多才多藝的藝術家，但如今他也是這個家族唯一的代表，他思維活躍，充滿好奇心，對探險懷著熾熱的渴望，渾身長著濃密的體毛，可以適應任何可怕的環境。他生而孤獨又暴躁，絕對不能忍受任何形式的控制，但是如果你能順著他的脾氣，他還是很容易接受馴養。

　　他定居在里昂，但是他的「狩獵場」從南極一直延伸至北極，包括所有的大陸和赤道地區，不要忘了還有康達明區月牙形的火山口。他喜歡吃各種奇怪的肉，生吃或者風乾後吃，他主要抓捕隱生動物學收錄的各種珍奇動物，他試圖培養對長毛動物的特殊情感，例如喜馬拉雅山的雪怪以及草原上的小型猛獁象。另外，他被認為是讓渡渡鳥滅絕的罪魁禍首，他現在正在盡力通過各種方式重新創造這種動物，好讓自己少受一些悔恨的折磨。

　　他是兩棲動物，他去海洋探險，尋找美味的海上怪物，尋找史蒂夫·齊索的潛水艇，他是齊索最瘋狂的粉絲。

　　某些作家，例如皮埃爾·杜波依斯、萊納爾·希尼亞德、弗雷德里克·利薩克，以及讓-巴普蒂斯特·德·帕納菲厄，終於與卡米耶·讓維薩德在關注自然的出版界走到了一起。甚至連著名的古生物學家埃里克·巴菲特也冒險靠近他，當時他看到卡米耶·讓維薩德在古生物博物館附近畫渡渡鳥的翅膀，無論是在櫥窗裡還是在聚光燈下，這種鳥看起來都非常自然。在文森特·馬里耶特的電影《悲傷俱樂部》中，這種鳥在創作者的筆下成了影片重要的背景，不知不覺名聲大了起來。

　　各種機緣巧合，卡米耶·讓維薩德和一些自己的同類結下了友誼，他們一起出去捕獵。他尤其經常出現在布盧瓦，這是「魔術家公子」（Dandy magicianis）家族多米尼克·馬奎特的領土。離開蘭多路時，他喬裝打扮，被人發現與女歌手莉莎在一起。他受到可怕的詛咒，被變成狼人，後來又被一個耍熊的人捉住。他在巴黎馴化園的露天場地被展覽，不得不像食草動物一樣自己找東西吃，就這樣度過了兩星期，被迫與阮芊菡——一位「臺灣沖印攝影師」家族的年輕代表住在一起。最後，他終於被一群專家帶回了里昂。在匯流博物館建立一週年之際，他被介紹給大眾，旁邊還站著布蘭奇·貝特里耶，他的女性同類，還有達米安·里戈。最後，在姐姐阿奈·讓維薩德的協助下，他開始投身於格勒諾布爾自然博物館的一項展覽，這次展覽的名字與他個人特殊的動物性非常吻合：「怪物般的他們，你覺得正常嗎？」

出版著作
- 《博物學家的神祕動物圖鑑》，Plume de Carotte，2014
- 《奇物館，孔弗呂恩斯博物館展覽目錄》，Flammarion，2014
- 《狼的詛咒》，Petite Plume de Carotte，2012
- 《海洋怪物》，Petite Plume de Carotte，2011
- 《神奇草木》，Plume de Carotte，2010
- 《龍與吐火怪物，探險紀事》，Hoebeke，2008

HISTOIRES SURNATURELLES
Métamorphoses
DEYROLLE

博物學家的
超自然變形動物圖鑑

Originally published in France as :

Métamorphoses Deyrolle by Jean-Baptiste de Panafieu & Camille Renversade

© 2016, Éditions Plume de carotte (France)

Current Chinese translation rights arranged through Divas International, Paris

巴黎迪法國際版權代理 (www.divas-books.com)

本書譯文由聯合天際（北京）文化傳媒有限公司授權出版使用

出版 ＊ 楓樹林出版事業有限公司

地址 ＊ 新北市板橋區信義路163巷3號10樓

郵政劃撥 ＊ 19907596 楓書坊文化出版社

網址 ＊ www.maplebook.com.tw

電話 ＊ 02-2957-6096　　傳真 ＊ 02-2957-6435

作者 ＊ 讓·巴普蒂斯特·德·帕納菲厄

繪畫 ＊ 卡米耶·讓維薩德

翻譯 ＊ 樊豔梅

企劃編輯 ＊ 陳依萱

校對 ＊ 黃薇霓、宋宏錢

港澳經銷 ＊ 泛華發行代理有限公司

定價 ＊ 480元

出版日期 ＊ 2020 年 1 月

國家圖書館出版品預行編目資料

博物學家的超自然變形動物圖鑑／讓·巴
普蒂斯特·德·帕納菲厄作.；樊豔梅翻譯
-- 初版. -- 新北市：楓樹林，2020.01
面；　公分

譯自：Metamorphoses deyrolle
ISBN 978-957-9501-48-4（平裝）

1. 動物圖鑑　2. 通俗作品

385.9　　　　　　　　　　108018098